大数据技术系列丛书

基于本体的大数据归约技术

主　编　郝文宁

副主编　张宏军　程　恺

西安电子科技大学出版社

内 容 简 介

本书阐述了大数据归约(或称数据归约)的背景与作用、数据归约的知识体系及本体模型、大数据维度归约、大数据元组归约、大数据数值归约、大数据归约效果评估和大数据归约系统架构等理论方法及关键技术。本书共 7 章,第 1 章介绍大数据归约在数据预处理中的作用以及面临的技术挑战;第 2 章介绍多维数据归约的知识体系、业务领域本体和归约任务本体;第 3 章介绍大数据特征选择策略和评价准则,以及两阶段混合型特征选择的维归约方法;第 4 章介绍大数据元组相似性度量和快速归约方法;第 5 章介绍大数据数值归约基本方法和基于约束转变的数据立方体计算技术;第 6 章介绍大数据归约效果评估指标及基于用户兴趣度的评估方法;第 7 章介绍基于本体的大数据归约系统体系架构,以及归约工作流模式挖掘和优化等关键技术。

本书可作为计算机科学与技术、数据科学与大数据技术等相关学科专业的本科生或研究生教材,也可作为大数据工程相关领域科研人员的参考书。

图书在版编目(CIP)数据

基于本体的大数据归约技术/郝文宁主编. --西安:西安电子科技大学出版社,2023.8
ISBN 978 - 7 - 5606 - 6820 - 8

Ⅰ. ①基… Ⅱ. ①郝… Ⅲ. ①数据处理—教材 Ⅳ. ①TP274

中国国家版本馆 CIP 数据核字(2023)第 038208 号

策　　划　戚文艳　李鹏飞
责任编辑　张　玮
出版发行　西安电子科技大学出版社(西安市太白南路 2 号)
电　　话　(029)88202421　88201467　　邮　编　710071
网　　址　www. xduph. com　　　　　　电子邮箱　xdupfxb001@163.com
经　　销　新华书店
印　　刷　咸阳华盛印务有限责任公司
版　　次　2023 年 8 月第 1 版　2023 年 8 月第 1 次印刷
开　　本　787 毫米×1092 毫米　1/16　印张 10.5
字　　数　231 千字
印　　数　1～2000 册
定　　价　39.00 元

ISBN 978 - 7 - 5606 - 6820 - 8/TP

XDUP 7122001 - 1

＊ ＊ ＊如有印装问题可调换＊ ＊ ＊

前　　言

　　随着移动互联网、物联网等技术的快速应用，跨领域汇聚的数据呈现出海量、异构、体系杂、维度高等特点，导致行业大数据的内容复杂度、计算复杂度和系统复杂度呈指数上升，成为制约大数据建设、管理和应用的最直接因素。对海量高维的大数据资源进行有效的归约处理，减小数据集的体积，同时最大限度保证原数据集的基本特征，是突破和解决上述瓶颈问题的有效途径。

　　本书针对数据归约相关理论体系不完善、技术复杂和跨领域智力协作要求高等特点，阐述了数据归约的跨领域知识集成、海量数据的快速归约和效果评估，以及数据归约方案的智能化辅助制订等理论方法及关键技术。本书的主要内容包括以下几个方面：

　　（1）系统性分析了数据归约活动中不同领域参与者的问题域、背景知识、实现目标、偏好和技能等，以及数据归约各过程的节点对业务、技术和应用领域知识的依赖关系，确定了数据归约本体模型构建过程中参与者之间的协作关系；建立了跨领域数据归约标准过程的参考模型，为跨领域的数据归约全生命周期过程提供了统一概念框架和通用描述方法；提出了数据归约多视角方法，为获取不同参与者在数据归约过程中的推理逻辑和关键决策思路提供了有效途径；从参与者视角、知识层次和顶层设计三个维度，建立了领域大数据归约的多维知识体系架构及其本体模型，保证了数据归约知识模型体系完整性和高层概念框架的稳定性，解决了领域数据归约相关的知识体系集成和共享问题，为数据归约方案的智能化制订与执行提供了先验知识支撑，同时从概念框架方面梳理完善了数据归约相关的理论方法。

　　（2）研究了元组归约、维归约和数值归约等技术涉及的数据存储模式及表示模型、关键算法、算法假设及优化策略等内容，分析了形成问题域、数据归约流程及算法的典型特征，建立了相应的数据归约概念框架和归约任务本体模型，为数据归约流程及算法的智能选择提供了知识推理基础；提出了一种基于两阶段混合型特征选择的维归约方法，有效解决了多种类型特征的条件互信息难以计算、特征权重评估偏向多值属性等问题；设计实现了基于 p-稳态分布以及混合局部敏感哈希技术的海量数据元组归约方法，能够有效降低元组归约的搜索空间、缩小相似度匹配范围、减少相似性计算的代价，解决了基于内容匹配的图文声像等文件和关系型数据表的记录级快速去除冗余等难题。针对可转变反单调度量约束难以作为冰山立方体计算剪枝条件的问题，书中提出了一种基于 Top-k 约束转变进行的立方体聚集计算方法，有效提高了可转变约束条件下多概念层次的数据立方体聚集计算效率。

　　（3）研究提出了反映数据归约前后数据集蒸发率、统计特征差异性和平均信息量损失程度等方面的数据归约效果评估指标体系，为数据归约效果评价、归约方案（或策略）制订和优化提供了定量分析基础；重点研究了基于最大信息系数的数据集平均信息量损失计算方法，实现了无监督的、任意属性之间的冗余性和相关性计算，解决了复杂类型数据集信息量评估问题；在此基础上，提出了基于用户兴趣度的数据归约效果评估方法，为数据归约效果评价、归约方案（或策略）制订和优化提供了支撑。

（4）提出了基于本体的数据归约系统体系架构，研究了基于描述逻辑推理系统支持的领域大数据归约业务目标辅助推荐方法，以及面向系统用户隐藏复杂的数据资源组成、结构及其数据归约方法适用性选择等细节，为数据归约业务目标的确定提供了辅助支持；利用描述逻辑推理机制中的知识搜索功能，研究了数据归约工作流的泛化表示及通用模式挖掘方法，有效减小了工作流的选择空间；在此基础上，进一步分析了数据归约元数据的描述及获取技术，提出了基于元挖掘的工作流优化选择方法，实现了数据归约知识的积累、共享和重用，同时面向系统用户隐藏数据归约流程及其相关算法实现技术等细节，提升了数据归约过程的智能化水平。

本书参考了国内外同行的研究成果，在此表示衷心感谢。大数据领域的技术日新月异，数据归约相关理论方法也在持续发展，本书内容难免存在不足之处，恳请各位读者批评指正。

郝文宁

2022 年 10 月于南京

目　　录

第 1 章 绪 论

随着信息技术和人类生产生活的交汇融合，以及互联网的快速普及，全球数据呈现爆发增长、海量集聚的特点，对经济发展、社会治理、国家管理、人民生活都产生了重大影响。在军事领域，欧美等发达国家军队已经将军事大数据的开发利用能力作为综合军力的重要组成部分。通过深度挖掘和开发军事大数据，从而缩减指挥决策周期，夺取决策优势及行动优势，提升体系对抗能力，已成为世界军事强国关注的新焦点，也成为大国之间军力博弈的全新空间。

在大数据技术的 5V 特征中，体量大（Volume）、类型多（Variety）两个特征体现了数据内容本身的复杂性，并引发了计算复杂性和系统复杂性，成为制约大数据建设、管理和应用的最直接因素，同时影响到大数据处理的时效性（Velocity）、大数据内容的真实性（Veracity）和大数据开发利用的价值密度（Value）。本书以军事训练演习领域的大数据处理为例，重点研究探讨如何有效降低大数据内容复杂性，即大数据归约问题。

由于数据采集的方法、手段、粒度和范围等方面存在较大的不同，不断聚集的跨领域汇聚集成数据也因此呈现海量、异构、体系杂、维度高等鲜明的"大数据"特征。在针对具有上述特征的业务领域数据实施采集、传输、校验、存储、分析统计、知识发现及应用等实践环节中，均面临着数据集成整合难度高、分析处理效率低等问题。数据工程的理论和实践表明，对于海量高维数据进行有效的归约（Reduction）处理，可以减小数据集的体积，最大限度保证原数据集的基本特征，从而有效解决上述问题。

1.1 数据归约在数据预处理中的作用

数据预处理的核心目标是提高数据质量。通过数据预处理，形成格式规范、结构合理、语义明确、内容精简的"净"数据。数据预处理的主要策略及其实现方法如图 1-1 所示。

数据预处理通常包括数据清理、数据集成、数据归约和数据变换四个主要步骤，每个步骤均包含相关的预处理策略，每个策略又包括相应的实现方法或技术。其中数据归约在所有的预处理环节涉及的技术最为复杂，且涵盖了其他预处理环节的许多功能。本书主要研究数据预处理环节的海量高维异构的数据归约问题。下面简要阐述数据预处理的主要步骤，分析说明数据归约在数据预处理中的地位和作用。

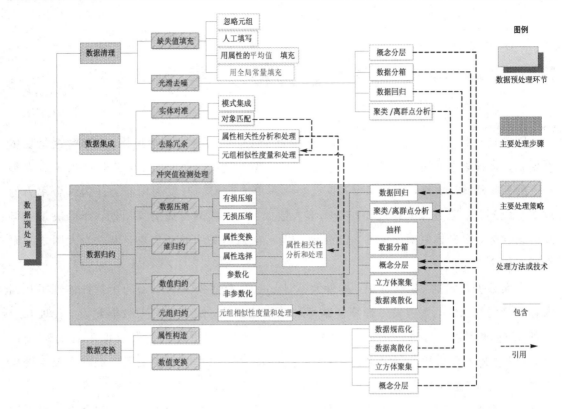

图 1-1　数据预处理的主要策略及其实现方法

1. 数据清理

数据清理(Data Cleaning)或称数据清洗，其目的是解决采集的实况数据中存在的数据错误、数据冗余、数据缺失等问题，提高单一数据源中的数据一致性。在各业务领域的数据清理中，首先是依据事先制定的业务领域元数据标准，以及唯一性、连续性和空值规则，对数据进行偏差检测(Discrepancy Detection)，主要检测数据中编码不一致、表示不一致、字段过载、值缺失、离群点等问题，然后通过填充缺失值、消除噪声等预处理策略纠正偏差，其中，缺失值的处理方法有忽略元组、人工填写、使用全局常量填充、使用属性的平均值填充等，也可以用回归或预测的方法补全缺失值；噪声数据(离群点)的处理方法有概念分层、数据分箱(通过考察"邻居"来平滑存储数据的值)、聚类/离群点分析(离群点可以被聚类检测)和数据回归(通过一个回归函数来拟合数据)，从而达到平滑数据的目的。在数据清理功能的具体设计与实现中，由于存在偏差嵌套的现象，即其他数据偏差导致的数据偏差，目前数据清洗和审计工具通过偏差检测和纠正偏差两个过程迭代执行来完成训练演习实况数据清理。

2. 数据集成

数据集成(Data Integration)的目的是解决来自不同数据源的异构数据整合问题，为后续的数据处理和应用提供统一的数据源，消除特定数据对象在多个数据源中可能存在数据不一致的隐患。在工程实践中，依据业务领域元数据标准，通过实体对准、去除冗余和冲突值检测处理等策略实现多源异构数据集成。

（1）实体对准是指通过模式集成和对象匹配两种方法实现多个数据源中等价实体的识别和集成。模式集成将"同一实体"在多个数据源中异构的属性定义规范到统一的数据模式上，着重解决前面所述的模式异构问题。对象匹配是指通过实体唯一标示符将不同数据源中的"同一实体"识别出来，并对其属性值进行冲突检测和处理后，再进行集成整合，着重解决语义异构问题。

（2）去除冗余主要用于解决数据对象的属性冗余和元组重复问题，通过对实体属性的相关性分析和处理，减少由于属性导出、属性或维命名不一致形成的冗余属性；通过实体数据值（元组）的相似性度量和处理，减少由于关系表格的去规范化（Denormalized）操作（通常以避免表间连接来提高性能）、数据拷贝、无效实体状态数据反复采集等原因形成的重复元组。需要说明的是，对象匹配也可基于元组相似性度量来实现。

（3）冲突值检测处理主要是指利用阈值过滤、等值比较等方法，对"同一实体"在不同来源之间的属性值的一致性进行检测，并通过人工判定、基于规则的属性特征映射与转换等方法解决不一致性问题。

3. 数据变换

数据变换（Data Transformation）的主要目的是加快数据分析挖掘等相关算法的收敛速度，去除量纲影响，实现不同分布数据之间的科学比较等。数据变换主要包括属性构造和数值变换等实现策略。

（1）属性构造是指通过已有的多个属性构造一个新属性，以帮助提高精度和了解高维数据结构，例如，根据某型火炮的炮管长度和炮管口径两个属性构造一个"管径比"（长度/口径）的属性，与前两个属性相比，该属性可以更加准确预测火炮的射程。

（2）数值变换主要通过概念分层、数据离散化、数据规范化、立方体聚集等方法及技术实现。其中，概念分层指的是用高层次概念替换低层次"原始"数据，例如，利用"装甲突击车辆"替换"＊＊式坦克""＊＊战车"等。数据离散化是指将某一连续值属性变换为离散值属性，例如，某一武器装备的射程属性值可离散为"远程""中程"和"近程"三个属性值。数据离散化通常与概念分层联系紧密，其方法包括数据分箱、直方图分析、聚类分析、基于熵的离散化和通过"自然划分"的数据分段等。数据规范化将属性数据按比例缩放，使之落入一个小的特定区间，其方法主要包括最小-最大规范化、z-score 规范化和按小数定标规范化。立方体聚集是指在基于多维数据模型构建的数据仓库中，通过聚合计算，实现从低层维度数据向高层维度数据的汇总。例如，将江苏省下辖的 13 个城市销售数据聚合为江苏省的销售汇总数据。

需要说明的是，从数据变换的目的来看，光滑去噪也属于数据变换策略，由于数据清理通常在数据变换之间进行，因此，在数据归约中，数据变换环节不再考虑数据的光滑去噪。

4. 数据归约

数据归约(Data Reduction)又称为数据约简，或称为数据浓缩(Data Enriching)，是指在提供同等分析结果的情况下对原数据集进行简化，其主要目的是提高数据加工处理和开发利用的效率，同时又能提高精度、简化描述。数据归约的主要策略有数据压缩、维归约、数值归约和元组归约。

(1) 数据压缩是指利用数据统计冗余特征通过特定编码机制减少数据的表示长度，依据是否能够从压缩后的数据中重构出原始(压缩前)数据，可分为有损压缩和无损压缩。

(2) 维归约是指通过去除实体中冗余属性或者保留最具代表性的属性，来减少实体的属性或特征数目，从而实现数据归约。通常维归约包括属性选择和属性变换两种方法，其中，属性选择是在原始维度空间中进行的维归约，属性变换是在经过映射或变换后的维度空间中进行的维归约。

(3) 数值归约是指通过减少实体的某一特征(或属性)数值的数目或者简化其表达形式，从而实现数据归约。通常数值归约包括参数化和非参数化两种方法，其中，参数化方法是依据数据值构建回归模型，归约后的数据仅包含回归模型的参数，而不是实际数据；非参数化方法主要包括聚类/离群点分析、抽样、数据分箱、概念分层、立方体聚集和数据离散化等。

(4) 元组归约主要利用实体相似性度量方法，检测并删除重复或相似的数据元组，从而降低数据冗余。

从以上分析可以看出，数据归约是数据预处理中一个非常重要的环节或步骤，对于提高数据质量、提升数据开发利用效率起关键作用。在数据预处理的各个环节中，数据归约涉及的相关技术最为复杂，其中，许多技术都可被其他预处理环节直接采用，如图1-1所示。本书将数据分箱、概念分层、数据离散化、立方体聚集等通用技术并入数据归约中进行研究，主要考虑到这些技术的应用特点最终都是降低了数据集体积。

1.2 数据归约技术面临的挑战

随着"大数据"时代的到来，对海量高维数据的归约处理已经成为一个难以回避的问题，与研究现状之间的矛盾日益突出，主要体现在以下几个方面：

(1) 数据归约相关的知识表达、推理机制不完善，未能通过集成形成统一的跨领域知识体系，为数据归约的应用实践带来极大挑战。

数据归约具有非常强的领域相关性、技术适用性和任务针对性，在不同领域有着不同的数据体系，涵盖不同的数据集及其数据表示、存储模型，具有不同的数据约束，适用于不同的数据归约方法和技术。数据归约任务针对不同的数据集，采用相应的技术方法来实现数据约简工作。因此，数据归约需要涉及业务领域、技术领域和应用领域的专门知识，其中，业务领域的知识为数据归约技术提供先验知识和约束。例如，如果属性选择算法不知道火炮"管径比"属性由炮管长度和炮管口径两个属性构成，则现有的数据相关性分析不仅浪费计算资源，且很难得出准确结论，易导致归约结果出现偏差。因而通过建立业务领域相关知识体系，能够提高数据归约效率和归约结果的有效性、准确性。技术领域的知识为数据提供了专业的技术支撑，数据归约涉及的技术方法非常复杂，包括针对不同类型数据的归约算法选择，归约模型的建立、评估和应用，归约结果的效果评估等，涵盖数理统计、数据挖掘、机器学习等方面的专业知识。通过建立归约技术知识体系，能够更好地提炼和表达各类专业技术之间的关系，提高数据归约理论研究和技术实现水平。应用领域的知识采用面向最终用户的支撑数据归约系统构建，通过建立数据归约应用知识体系，避免把过多的技术细节、流程细节和数据细节泄露给系统用户，从而提高系统的可用性和实用性。

参与数据归约研究实践的人员通常包括领域信息管理专家（如相关领域数据库管理人员）、专业技术专家（如数据分析挖掘、机器学习等技术人员）和技术应用人员（如数据采集处理、决策应用等人员），不同类型的人员对于数据归约有着不同的认知及其知识体系。目前，上述知识体系未能通过集成形成统一的数据归约知识表达体系，无法基于推理机制支撑归约系统的功能实现。因此，现有数据归约系统实现大多是依据数据工程与知识工程技术人员的实验研究需求，侧重通用数据归约技术的实现，从而导致系统针对性、适用性和实用性不强，数据归约效果欠佳。

（2）缺乏统一的数据对象相似性度量、海量非结构化数据的快速归约、类型无关的属性子集选择、多维数据立方体聚集等方法的研究和实现，无法满足数据归约的工程实践需要。

数据对象的相似性度量指的是实体（由数据对象代表）之间相似程度的计算方法，是元组归约的基础，也是数据分析挖掘中相关算法实现的核心策略。各领域大数据体系通常包含结构化、半结构化、非结构化等不同持久化模式的数据集，不同的数据集有着不同类型的数据模型，每类数据模型表示特定的数据对象构成模式（即数据结构），拥有特定的操作方式和数据约束，因此，数据对象之间的相似性度量的方法是不同的。目前，针对不同数据模型的相似性度量方法的研究缺乏提炼归纳，尚未形成统一的度量方法体系，影响元组归约技术的实现。尤其在海量的非结构化数据对象的归约方面，目前研究大多集中在相似性度量方法方面，而针对海量高维的数据对象索引空间优化方面的研究则较少，导致归约过程效率低下，甚至无法实际完成归约处理。

特征（或称属性）选择是维归约的重要方法。随着数据在实例和属性数量上的巨大增长，许多机器学习算法在可伸缩性和学习性能方面存在着严重的问题。例如，海量数据包含着大量的不相关和冗余的信息，这会导致发现的模式质量很差。因此，在面对"大数据"的今天，特征选择显得尤为重要。可是，在大小和维度两方面呈现出的巨大增长趋势都给特征选择算法带来了严峻的挑战。

各领域的业务分析仍然依赖数据仓库及其主题数据，这些数据通常基于事实表和维表的方式构建多维数据模型，采用数据立方体技术进行聚集计算，为应用系统提供"事先已准备好的"的计算结果，通过计算部分立方体（冰山立方体）来有效减少聚集度量值的数据，实现数据归约，避免"维灾难"。目前这些计算一般都是通过数据仓库管理系统中的数据加载（Loading）技术以及 OLAP 中数据上卷等技术实现的，其实现细节对于用户是不透明的，无法接受外部实时动态的干预和控制，换句话说，数据库 ETL 工具和 OLAP 引擎无法实时使用外部数据归约成果。例如，在数据上卷时，立方体聚集计算通过预先定义好的维概念层向上攀升或者利用维归约在数据立方体上进行计算，在此过程中，无法及时利用概念分层技术实时生成的新概念分层结果，或者使用维归约技术后，被约简的维无法实时反映到 OLAP 引擎的上卷操作中。另外从数据使用角度来看，只有当所有数据全部加载到数据仓库后，其他应用系统才能使用数据聚集计算结果，这种情况适用于一般的基于历史数据、面向主题分析的非事务性数据操作，但无法满足类似领域大数据开发利用中的实时态势展现、辅助决策等场景的数据需求。因此，研究数据进入数据仓库前的立方体聚集计算方法、实现多维数据归约与商用 OLAP 引擎的松耦合，能够有效提高领域大数据归约功能的灵活性、自主性和数据服务的实时性。

（3）缺乏数据集归约效果进行统一的定量评估和分析方法，导致归约方案选择、归约流程设计和相应的算法及模型确定具有一定的盲目性，缺乏指导性，最终影响到数据归约方法及其实现系统的适应性和推广性。

对于数据集归约效果的科学评估是数据归约研究的一项重要内容，基于评估结果能够对不同的归约方法及流程进行比较研究，同时也能够确定归约后的数据集能否较好地代表原始数据集，刻画数据归约操作对原始数据集信息量的损失程度，以及归约后数据集的冗余程度，等等。目前，数据集归约效果主要通过归约前后的数据体积变化来度量，缺乏对归约前后的数据集信息量的实验对比和分析研究，无法回答数据集归约的好坏程度、影响误差等定性和定量指标问题，影响数据集归约的质量和后期数据应用的准确性，并最终影响到数据集归约系统的适应性分析研究和推广应用。另外，在数据集归约处理中，不同用户对归约后的数据集的关注点不同，有的关注数据集体量的减少程度，有的关注数据集信息量的减少程度，因此，需要研究解决面向不同用户兴趣度的数据集归约效果评估方法。

（4）缺乏数据归约知识库及其支撑的智能归约机制和技术手段，导致成熟的数据归约经验知识无法积累、共享和重用，影响数据归约方案（或策略）的科学化制订及自动化实施。

在实际的数据归约实践中，数据归约任务通常采用多个归约方法组合完成，然而，不同数据归约方法的先后执行顺序往往是非常敏感的，不恰当的方法流程会影响数据归约的效果，严重时可能导致归约失败。例如，特征变换后再执行特征选择的结果意义不大，这是由于当实体特征变换到新维度空间后，实体属性（或特征）值已经失去原有的物理意义，此时特征选择方法难以奏效，但是，如果先进行特征选择，去除冗余特征，然后进行特征变换则是完全可行的；再如，参数化的数据回归的输出结果无法为其他任何归约方法提供输入，等等。另外，每一种数据归约方法都有其适用的数据存储格式、数据表示模型、数据归约算法及模型、优化策略和操作实现等，这种适用性规则的确定需要工程实践经验和科学实验结果的支撑。总之，基于跨领域数据归约的知识体系，建立数据归约知识库，实现数据归约实践经验和实验结果的积累、共享和重用，能有效提高数据归约系统的智能化水平。目前，采用元挖掘/学习(Meta Mining/Learning)技术实现数据挖掘或机器学习的元挖掘/学习框架，能够有效提高数据挖掘、模式分类等方面应用的系统性能，但是对于数据归约缺乏成熟的研究成果。

1.3　本书的研究内容

本书以业务领域大数据归约问题为研究背景，研究上述关键问题，完善海量数据归约的理论方法，提供数据的自动化归约技术手段，从而有效提高海量异构高维数据的传输、处理和开发利用效率，并且其研究成果也能够为其他数据预处理技术提供直接的指导，丰富数据工程和知识工程的内涵。本书的研究内容主要包括：

(1) 研究建立相关领域数据归约的核心概念框架及其本体表示模型、知识推理机制，构建由领域业务人员的任务视图、数据分析处理人员的技术视图、领域信息管理人员的数据视图组成的数据归约知识体系，解决相关领域信息管理、数据工程技术领域信息处理以及信息应用等多领域中与数据归约相关的知识体系集成和应用问题。研究成果一方面用于支撑面向业务人员、基于信息模型先验知识的数据自动归约技术手段的实现，使得不同类型的人员能够在各自熟悉的知识语境中参与系统建设和使用；另一方面能够从概念框架方面完善数据归约相关的理论方法，并为数据清洗、变换和集成等方面的数据预处理工作的科学研究和工程实践提供基础，同时为数据挖掘相关研究提供理论和技术参考。

(2) 研究建立元组归约、维归约、数值归约相关的概念框架和本体模型，分析每类数据归约技术涉及的主要数据存储模式、表示模型、关键算法及模型、优化策略等内容，研究成果为数据归约系统的知识库构建和各类归约技术的实现等提供支撑。研究实现基于局部哈希技术的海量数据快速元组归约方法，成果可为图像、文本、音视频等非结构化数据的元组归约提供解决方案，也可为各类数据的搜索空间索引优化策略实现提供参考；研究维归约中的特征选择方法，着力解决离散和连续特征的条件互信息难以计算、特征权重评估偏向多值特征等问题，从而有效检测并去除领域业务数据的汇集、集成和整合过程中形成的冗余特征，减小特征空间的维数，提高数据分析处理的效率。针对数据预处理中的多层概念维度数据聚集计算方法，减小冰山立方体计算和存储的开销，同时提高计算方法的效率。

(3) 研究提出反映数据归约前后数据集蒸发率、统计特征变化程度和平均信息量损失等方面的数据归约效果评估指标体系及评估方法，为数据归约效果评价、归约方案(或策略)制订和优化提供支持。研究实现基于最大信息系数的数据集平均信息量损失计算方法，在此基础上，研究提出基于用户兴趣度的归约数据集评估方法。

(4) 研究基于知识库的数据归约工作流模型、工作流模式挖掘和数据归约实验设计等内容,实现数据归约知识的积累、共享和重用,提升数据归约过程的智能化水平和归约结果的可信度;提出元归约系统框架及其技术实现机制,提高数据归约系统功能的可用性、灵活性和适用性。

1.4　国内外相关研究现状

目前,数据归约技术广泛应用于天文观测、移动通信、海洋气象、材料科学等领域的大数据处理与分析。下面将从本体(Ontology)研究和应用、数据归约相关方法、数据归约效果评估等方面对数据归约技术国内外相关研究现状进行探讨。

1. 本体研究和应用方面

在有关领域本体建设方面,存在许多业务领域本体通用构建策略及关键技术的相关研究,并设计实现了相关领域本体库、应用本体库及本体实例等。从设计实现的角度,业务领域本体可分为顶层本体、领域本体和应用本体。领域本体库的构建以领域数据标准及元数据标准作为本体属性和关系的抽象基础,包括业务领域数据元语概念、定义、关系以及该领域的术语和公理等。建成的应用本体库主要包括资源描述本体、使用人员兴趣本体和体裁本体等,研究成果已成功应用于数据检索引擎、训练评估等,较好解决了本领域数据表示和处理中的语法完备和语义正确等问题。海量的领域本体实例主要以相关领域基础数据、历史数据为本体构建数据源,通过研究基于关系模式的业务领域本体生成方法,采用数据库逆向工程技术生成具有丰富语义的 EER(Extended Entity-Relationship)模型,采用EER 模型到本体的映射规则,以及基于 FCA(Formal Concept Analysis)方法的本体扩展等技术建成。此外,基于以上研究成果建立的语义 Web,可以将复杂的信息表示从程序指令中剥离出来,使得应用系统设计从原来小规模的、孤立的、以程序为中心的模式提升到跨领域的、互联互通的、以数据为中心的新模式。这样,由于平均分布在程序和数据中的有价值知识被统一规范到数据中,使得数据的语义表达完全可以脱离原有信息系统,提高了数据共享范围和应用的灵活性。

目前,专门用于数据归约本体的研究成果比较少,与其相近的研究主要围绕知识发现及数据挖掘等方面。OntoDM(Ontology of Data Mining)是一个数据挖掘的基本本体,该本体提供了数据挖掘研究的统一框架,覆盖了数据挖掘相关的任务和算法。EXPO(Ontology of Scientific Experiments)是构建数据挖掘实验的顶层本体,包含了例如假设空间、控制变量、实验设计和实验装置等一系列本体。KDDONTO(Ontology for Discovery and Composition of KDD Algorithms)是一个 OWL-DL 本体,涵盖了知识发现算法及其工作流,包括了算法的输入、输出和使用算法的先后条件。DMWF(Data Mining Workflows)本体描述了全部知识发现的操作及其输入、输出和先后条件,实现了一个可以产生(部分)工作流、检查和修复工作流的知识发现支持系统。DMOP(the Data Mining Ontology for workflow Optimization)构建了学习算法的内部框架,用于支持算法的选择,该本体覆盖了例如预测模型的结构与参数、最优化策略等本体。

2. 数据归约相关方法方面

目前的数据归约方法研究主要集中在与维归约相关的特征选择和特征抽取方面,与数值归约相关的统计分析处理方面,以及与元组归约相关的相似性度量等方面。

维归约是在保持原数据主要特征的基础上将数据从高维空间转化到低维空间,实现数据的降维与主要特征的抽取。维归约包括特征选择(或特征子集选取)和特征抽取(或特征变换)。特征选择是指基于应用领域的知识和数据挖掘的目标,消除不相关、弱相关或冗余的属性;特征抽取是指通过映射或变换等方法将数据的高维特征空间表示转换为低维特征空间表示的过程,一般低维空间中的特征通常是原始特征的线性(或非线性)组合。

特征子集选取的基本步骤是生成一个特征集合,评估该集合,并在该集合中删除或增加特征属性,反复进行,直到获得最优的特征子集。在生成一个待评估的特征集合时,可以采用前向选择(Stepwise Forward Selection)、后向淘汰(Stepwise Backward Elimination)或综合方法(Combination of Forward Selection and Backward Elimination)。在评估特征集合时,可采用包装方法(Wrapper Approach)和过滤方法(Filter Approach)。特征子集选取也可以通过直接度量特征之间的相关性,消除不相关、弱相关或冗余的特征后实现。基于量化扩展概念格的特征归纳算法,采用概念的爬升进行相应的泛化来完成多层、多属性归纳。其他常用的特征归约方法包括用于分类信息的数据的 SUD 算法,利用特征相关性指标分析来选择特征属性的 Chi2 算法,使用信息量指标实现特征子集选取的决策树算法,基于粗糙集理论的适用于离散数据集合的特征约简算法,以及通过构造相对差异比较表来实现特征约简的自寻优算法 ADSOA 等。上述的特征选择方法主要适用于特定的数据类型或者具有决策属性的数据集。在具体实现中,还面临着离散、连续混合特征的相关性难以计算、特征权重评估偏向多值特征等问题。另外,为解决多源数据频繁变化带来的属性归约问题,可以基于多源数据非增量矩阵约简算法,结合多源数据等价关系矩阵融合方法,以及基于矩阵方法计算知识粒度的增量更新机制,实现数据属性和对象同时变化时属性归约的增量算法。

典型的特征抽取方法包括奇异值分解(Singular Value Decomposition,SVD)、离散小波变换(Discrete Wavelet Transform,DWT)、基于神经网络的降维(自动编码网络、自组织映射网络、生成建模)、基于数据低维投影的降维(主成分分析、投影寻踪)、基于数据间相似度的降维(多维尺度分析、随机邻居嵌入、ISOMAP、拉普拉斯特征映射)等。其中,SVD 是一种依赖于数据内容的降维方法,通过计算给定数据集的特征值和特征向量,将数据进行转换,使得大多数信息集中在某些维上。这一方法的主要缺陷是当数据改变时,特征向量需要重新计算,因此不适合动态变化的数据。另外,SVD 在高维下的计算量是非常大的。DWT 是一种适用于线性信号的处理技术,该技术将一个数据向量转换为另一个数据向量，且两个向量具有相同长度。DWT 特别适合对高维数据进行处理变换，但不适用于关系型数据。上述降维方法通常与具体的应用类型密切相关，例如模式分类、多媒体索引优化等。降维一般作为特定应用的数据预处理环节，降维以后得到的特征通常会失去原有的物理意义。

数值归约是指采用回归、对数线性模型、直方图、聚类、抽样、数据聚集计算等方法，利用更简单的数据表达式来取代原有的数据。例如行动轨迹可以采用数学公式进行表示。常用的数值归约方法包括线性回归（Linear Regression）、用于拟合多维离散概率分布数据的对数线性模型（log-Linear Model）、根据数据的分布情况对数据进行近似的直方图（Histogram）。抽样技术利用一小部分（子集）数据集来代表一个大数据集，从而实现数据的归约。针对数据关系模型非常复杂、抽样技术通常难以实现的情况，数据聚集计算则是结合数据仓库技术，基于数据立方体的聚集操作，通过逐层抽象的方法减少数据集的规模。就本质来讲，数据聚集计算实际上是一种统计分析的技术手段，并不能从根本上解决"维度灾难"问题，例如当 16 维 6 个概念层的所有方体进行全物化（Full Materialization）时，方体总数达到 6^{16} 个，普通的计算环境通常无法完成计算。目前，数据聚集计算更多关注的是部分物化技术，主要包括冰山立方体、立方体外壳片段等方法，典型的算法包括多路数组聚集、自下而上的 BUC 计算（Bottom Up Computing）、Star-Cubing 等算法，这些算法难以实现多层概念维度聚集计算中的非反单调约束的先验剪枝。另外，数据聚合通常需要进行数据离散化和概念分层，以较高层的概念替换较低层的概念，对领域知识的依赖性较强。

元组归约主要针对数据集中存在的多项冗余记录，基于相似性度量方法进行检测并去除这些冗余记录，以降低数据规模、提高数据处理效率与质量。相似性度量是数据分析、处理、挖掘的一个基础性工作，除数据归约外，数据的去噪、相关性分析、模式分类等工作都建立在样本的相似性度量基础之上。目前，关于相似性度量的研究主要侧重三个方面，包括不同类型变量之间的相似性度量、向量对象的相似性度量、时序数据的相似性度量。特别地，针对时间粒度多变、流特征复杂的时序数据，我们研究提出一系列时序数据相似性匹配及冗余数据压缩算法，详细分析时序数据的特征提取及表示模式和归约方法，提出解决多粒度时序数据的相似性匹配算法，以解决业务领域中由于弯曲、变形时间轴特征对于数据归约的影响问题。

为提升海量数据样本的机器学习算法的计算效率，业界提出多种数据归约方法，比如针对高维数据分类任务，通过一种高效数据约简-多元曲线分辨率（Efficient Data Reduction-Multivariate Curve Resolution，EDR-MCR）方法，将数据分解为类别和易于解释的纯分量信号权重，以提高分类模型的计算效率。针对大型数据集上支持向量机（SVM）模型训练、测试效率低的问题，采用 Delaunay 三角剖分（DT）算法的构造，基于 Quickhull 算法，通过一种新的策略精确识别和提取两类数据集之间的边界数据点，并把这些信息量最大的数据点用作简化数据集，从而大大提升各种支持向量机算法的计算效率。针对由混合变量类型组成的数据集聚类任务，通过将序列降维与约简空间中的聚类结合起来，解决算法收敛慢、效果差等问题。针对海量数据集的可视化任务，业界提出了一种将可视化工具和数据归约存储紧密耦合的体系结构，使得海量数据的可视化性能与数据集大小无关，基本解决了大数据的真正交互式探索的效率瓶颈。

另外，在大规模非结构化数据归约过程中，常用的相似性度量技术包括基于数据属性匹配（如图像标签等）、MD 5 编码等，但这些技术无法解决数据内容相同或相近、数据存储格式或文档属性不同带来的问题。因此，常见解决方法是提取数据内容的关键特征，形成特征向量空间，然后采用常用的相似性度量方法，包括距离度量、相关性度量等方法，完成数据间的相似性匹配。但是，这些方法通常涉及海量高维特征空间的搜索问题，如传统的基于空间划分的树索引结构存在"维灾难"的困境，该方法的索引效率随着维数的增大迅速退化到线性扫描级别，根本无法适应海量高维的现状。

目前，针对算法选择方面的研究主要集中在元学习和元挖掘两个方面。在计算机科学领域中，元学习指学习如何去学习，主要应用于元数据，并使用过去的学习经验去修改学习过程并改善模型的表现，以提高挖掘数据的质量。元学习的研究主要集中在算法的选择上，其目标已被定义为从数据特征到学习算法的一种映射，其过程被视作黑箱。但元学习自身存在一定的缺陷，其学习无法描述更抽象的算法特征，缺乏对于在数据挖掘中不同步骤如何相互作用的理论支撑，不能描述不同算法的共性特征。因此，为了能够区分相似的算法并且在表面上不相关的算法中发现更深层次的共性内容，需要描述算法的特征并考虑其组成成分，比如模型结构的构建、搜索策略的使用或者所产生的数据划分的类型等。元挖掘是元学习过程的拓展，使知识发现过程变得完整。元学习旨在最优化学习的结果，而元挖掘通过考虑挖掘过程中不同步骤之间的相互依赖和相互影响来最优化数据挖掘的结果，特别是在学习和预处理步骤之间，帮助人们理解为什么选择某种学习算法。目前，元学习和元挖掘相关方法主要应用于模式分类、数据挖掘等应用领域。

综上所述，在数据归约方法研究方面，目前已经存在大量的方法及相关算法模型，这些归约技术通常与相关应用是"紧耦合"的，作为特定应用的数据预处理手段，尚未形成相对完善的数据归约理论方法体系，显得较为"散乱"，这也是本书研究解决的重点问题。

3. 数据归约效果评估方面

针对特定数据集，不同的数据归约方案具有不同的归约效果，而数据归约效果直接影响到归约后的数据质量、归约流程设计、相关算法或模型选择等，最终影响到数据归约方法及其实现系统的适应性和推广性。

目前业界对数据归约效果评估指标的研究，主要集中在数据归约前后的数据体量和信息量差异程度两个方面。其中，数据体量差异的度量主要采用数据蒸发率这一指标，用于直观反映数据集归约前后"大小"变化的程度，在实际应用中，度量数据体量差异的指标通常难于准确反映数据归约的效果，并非数据体量减少越大，归约效果越好，例如，在极端情况下，用一个 d 维平均值向量就能最好地表示 n 个 d 维向量集，但该平均向量是所有向量的 0 维表达，仅反映向量的集中趋势，无法反映各个向量间的差异，即损失的信息量太大。数据信息量差异的度量主要采用互信息量、平均有效信息量、基于属性或广义信息熵支持等指标,用于反映数据归约前后的信息量对比关系,应用的领域集中在图像融合处理、光学信号分析等方面。

对于数据归约效果评估方法,目前尚未发现深入的研究成果,大多是直接计算上述的指标值。在领域大数据归约系统设计及应用中,由于不同的用户对于数据归约的指标有不同的偏好或倾向,有的关注数据体量减少程度,有的则关注数据统计特征的变化情况,等等。因此,需要研究解决面向用户兴趣度问题的数据归约效果评估方法。

1.5 研究思路及章节内容安排

通过以上的分析可知,要实现自动化的领域大数据归约,必须解决两个方面的核心问题,一是如何为数据归约处理提供必要的知识表达和逻辑推理手段,二是如何自动优化数据归约处理过程中的工作流程及算法选择策略。围绕这两个问题的解决途径,主要研究思路总结如下:

首先研究建立支持逻辑推理的数据归约知识体系,由于数据归约知识涉及特定业务领域知识、数据工程专业技术领域知识和技术应用背景(或称上下文环境的知识),需要面向不同领域人员提供不同视角的数据归约知识库,因此本书将采用本体技术,构建多视角多层次的数据归约本体架构,建立核心本体模型及其扩展推理机制,为后续本体模型的深化研究提供基本框架,同时为后续的数据归约算法及流程的自动化选择提供知识推理机制。

在此基础上,围绕元组归约、维归约和数值归约等关键数据归约策略,从相关的计划、任务、数据集、流程、操作、算法、模型、优化策略等多个方面,精化和细化相关本体模型,作为相应本体模型的应用实例,重点研究解决海量非结构化问题的数据元组归约方法、特征子集选择方法以及立方体聚集计算方法。

数据归约效果的评估结果反映了归约后数据集的质量,同时也是相关算法及归约流程的选择、优化的依据,因此,本书细化了数据归约效果评估本体模型,并从归约后数据集的蒸发率、数据集归约前后的统计特征和平均信息量的差异、相关算法执行效率等方面构建归约效果评估指标。为了解决异构数据类型的数据集平均信息量计算难题,本书将基于最大信息系数(MIC)通过属性冗余程度实现归约前后数据集平均信息量变化的度量方法,并在此基础上,研究解决面向不同用户兴趣的数据归约方案优化选择及推荐问题。

至此,基本解决了第一个核心问题。围绕数据归约流程及算法的自动选择和优化问题,本书将展开两个方面的研究:一方面,采用超树分解(Hypertree Decomposition)方法建立数据归约工作流程及算法的解析树(Parse Tree)模型,基于本体模型推理生成相应的扩充解析树模型,在此基础上,采用频繁导出式子树(Frequent Induced Subtree)挖掘方法得到数据归约知识库中蕴含的一般的归约流程及算法;另一方面,由于前面获得的归约流程及算法未能被确认是优化的,只能作为数据归约方案中的候选流程,因此,需要采用元学习/挖掘方法建立元归约模型,从而获取优化的数据归约流程。

需要特别说明的是，本书研究的数据归约主要定位于信息技术（信息获取、传递、存储、处理、显示等）领域中相对独立的一项技术，不仅仅局限于知识发现过程（数据选择、处理、变换、挖掘、评估、表示等）中相互关联的一个步骤。研究中采用的机器学习、数据挖掘等技术，其核心目标是解决数据归约相关问题。因此，为了保证本书研究内容体系的独立性和系统性，在研究思路和内容安排上，不再把数据归约作为数据挖掘工作流程的一个强制性环节，而是将机器学习、数据挖掘等相关技术作为数据归约的一种支撑手段。

本书内容共分为 7 章，各章内容安排简要描述如下：

第 1 章（本章）简要介绍了数据归约的研究背景、研究内容、研究意义及国内外相关研究现状，以及本书的研究思路及组织结构等。

第 2 章基于本体论的知识表达方法，从分析数据归约活动中不同领域参与者的特征和相关知识的依赖性入手，研究了跨领域的数据归约过程的统一概念框架和通用描述方法，以及采用多视角方法获取不同参与者的推理逻辑和关键决策思路的方法，建立了领域大数据归约的多维知识体系架构及其本体模型，解决了领域大数据归约相关的知识体系集成和共享问题，在此基础上重点研究了业务领域本体、数据归约任务本体的定义及核心概念模型，从而为后续章节中相关本体模型研究奠定了基础。

第 3 章对维归约方法及其核心概念模型进行了研究，重点对维归约中的特征选择方法进行了深入研究，包括特征选择的步骤方法、优化策略和评估方法，并分别建立了相应的概念框架体系；然后针对现有基于信息论属性选择方法的不足，研究了一种基于 Parzen 窗密度估计的条件互信息计算方法，在此基础上提出了两阶段混合型特征选择的维归约方法。

第 4 章研究了元组归约方法及其核心概念模型，围绕元组归约涉及的数据存储及表示模型、元组的相似性度量方法以及元组搜索空间优化策略等内容，建立了元组归约的概念框架体系；然后重点研究了基于局部敏感哈希的特征空间索引优化技术，实现了基于内容相似性度量的图文声像等海量非结构化数据的快速归约方法，以及基于混合哈希技术实现结构化数据的快速元组归约方法，用以支持多源数据集成过程中的实体对准和匹配。

第 5 章对数值归约方法及核心概念模型进行了研究，并重点研究了数值归约的关键技术——数据立方体聚集，然后针对非反单调度量约束难以作为冰山立方体计算的剪枝条件的问题，提出了一种基于 Top-k 的可转变约束的冰山立方体计算方法，有效提高了可转变约束条件下数据立方体聚集计算效率。

第 6 章针对不同归约数据集缺乏统一评估标准的现状，提出了反映数据归约前后数据集蒸发率、统计特征差异性和平均信息量损失程度等方面的数据归约效果评估指标体系及评估方法，重点研究了基于最大信息系数（MIC）的数据集平均信息量损失计算方法，提出了基于用户兴趣度的数据归约效果评估方法。

第 7 章在前面几个章节构建的数据归约本体模型的基础上，提出了基于本体的知识表示和逻辑推理的业务领域大数据归约系统的体系架构；着眼于解决数据归约中的智能化辅助决策的难点问题，重点研究了在数据归约本体支撑下，数据归约方案制订中的业务目标自动推荐、工作流模式自动选择及优化等关键技术。

参 考 文 献

［1］ ZHENG J，ZHAO G，WANG W，et al. Research on the Data Reduction of the SAGE Photometric Survey［J］. Astronomical Research & Technology，2019.

［2］ LANGLOIS M，GRATTON R，LAGRANGE A M，et al. The SPHERE infrared survey for exoplanets（SHINE）. II. Observations，data reduction and analysis，detection performances，and initial results，2021.

［3］ CANIN A，BERNÉ O，TEAM T. PDRs4all：Simulation and data reduction of JWST NIRCam imaging of an extended bright source，the Orion Bar［J］. Astronomy and Astrophysics，2021.

［4］ SU J T，BAI X Y，CHEN J，et al. Data reduction and calibration of the FMG onboard ASO-S［J］. Research in Astronomy and Astrophysics，2019，19(11)：161.

［5］ ALZUBAIDI A，ROY S，KALITA J. A data reduction scheme for active authentication of legitimate smartphone owner using informative apps ranking［J］. 数字化用户：数字通讯，2019.

［6］ ALBARAKATI A，BUDII M，CROCKER R，et al. Model and Data Reduction for Data Assimilation：Particle Filters Employing Projected Forecasts and Data with Application to a Shallow Water Model［J］,2021.

［7］ GODOY W F，PETERSON P F，HAHN S E，et al. Efficient Data Management in Neutron Scattering Data Reduction Workflows at ORNL［J］,2021.

［8］ YU G，LZ D，JZ A，et al. Development of a standardized test procedure and an improved data reduction method for the mixed-mode I/II delamination in composite laminates［J］. Composites Science and Technology，2020：201.

［9］ PANOV，P，SOLDATOVA L，DZEROSKI S. Towards an ontology of data mining investigations. Lecture Notes in Artificial Intelligence，2009（5808）：257-271.

［10］ SOLDATOVA L N，KING R D. An ontology of scientific experiments. Journal of the Royal Society Interface,2006,3(11)：795-803.

［11］ DIAMANTINI C，POTENA D，STORTI E. Kddonto：An ontology for discovery and composition of kdd algorithms. Proceedings of the 3rd Generation Data Mining Workshop at the 2009 European Conference on Machine Learning,2009.

［12］ KIETZ J，SERBAN F，BERNSTEIN A，et al. Towards cooperative planning of data mining workflows. Proceedings of the Third Generation Data Mining Workshop at the 2009 European Conference on Machine Learning（ECML 2009），2009：1-12.

［13］ HILARIO M，KALOUSIS A，NGUYEN P，et al. A data mining ontology for algorithm selection and meta-mining. Proceedings of the ECML/PKDD09 Workshopon 3rd generation Data Mining (SoKD-09),2009：76-87.

[14] 王德兴，胡学刚，刘晓平，等. 基于量化扩展概念格的属性归纳算法[J]. 模式识别与人工智能，2007(6).

[15] LIU H，SETIONO R. Chi2：Feature selection and discretization of numeric attributes[J]. Proc. 1995 IEEE Int. Conf. Tools with AI(ICTAI'95). Washington，DC,1995：388-391.

[16] 俞文彬，谢康林，张忠能. 基于属性分类的数据挖掘方法[J]. 小型微型计算机系统，2000，21(3)：305-308.

[17] HAN J，FU Y. Dynamic generation and refinement of concept hierarchies for knowledge discovery in databases［J］. In Proc. AAAI'94 Workshop Knowledge Discovery in Databases(KDD'94). Seattle，WA，1994，137：157-168.

[18] 陈英，徐罡，顾国昌. 一种本体和上下文知识集成化的数据挖掘方法[J]. 软件学报，2007，18(10)：2057-2515.

[19] 王海晖，彭嘉雄，吴巍. 采用交互信息量评价遥感图像融合结果的方法[J]. 华中科技大学学报(自然科学版)，2003，31(12)：32-34.

[20] 赵廷玉，张文字，叶子，等. 应用费希尔信息量评价函数的波前编码系统设计[J]. 光学学报，2007(06)：1096-1101.

[21] CARREIRA-PERPINAN M A. Continuous Latent Variable Models for Dimensionality Reduction and Dequential Data Reconstruction[D]. UK：Department of Computer Science University of Sheffield，2001.

[22] BEYRAMYSOLTAN S，ABDOLLAHI H，MUSAH R A. Workflow for the Supervised Learning of Chemical Data：Efficient Data Reduction-Multivariate Curve Resolution (EDR-MCR)[J]. Analytical Chemistry，2021，93(12).

[23] MINKA T P. Automatic Choice of Dimensionality for PCA［C］. Cambridge，MA：Advances in Neural Information Processing Systems，MIT Press，2001. 598-604.

[24] 刘小伟，景运革. 一种有效更新多源数据约简的增量算法[J]. 南京大学学报(自然科学版)，2021，57(6)：9.

[25] SCHOLKOPF B，SMOLA A，MULLER K. Nonlinear Component Analysis as a Kernel Eigen value Problem[J]. Neural Computation，1998，10(6)：1299-1319.

[26] SCHOLKOPF B，SMOLA A J. Learning with Kernels[M]. Cambridge MA：MIT Press，2002.

[27] VERBEEK J J，VLASSIS N，KROSE B J A. A K-segments Algorithm for Finding Principal Curves[J]. Pattern Recognition Letters，2002,23(8)：1009-1017.

[28] DELICADO P，HUERTA M. Principal Curves of Oriented Points：Theoretical and Computational Improvements[J]. Computational Statistics，2003，18(2)：293-315.

[29]　钱卫宁，魏藜，王焱，等. 一个面向大规模数据库的数据挖掘系统[J]. 软件学报，2002 (08)：1540-1545.

[30]　IFARRAGNERRI A，CHANG C I. Unsupervised Hyperspectral Image Analysis with Projection Pursuit[J]. IEEE Trans Geosci Remote Sensing，2000，38(6)：2529-2538.

[31]　CARREIRA-PERPINAN M A. A Review of Dimension Reduction Techniques [R]. Technical Report CS-96-09. Dept of computer Science University of Sheffield，1997.

[32]　RIPLEY B D. Pattern Recognition and Neural Networks[M]. Cambridge：Cambridge University Press，1996.

[33]　孙婉胜，樊友平，陈允平，等. 基于免疫聚类的特征数据浓缩方法[J]. 信息与控制，2005(02)：181-187.

[34]　王珏，王任，苗夺谦，等. 基于 Rough Set 理论的"数据浓缩"[J]. 计算机学报，1995 (05)：393-400.

[35]　KOHONEN T. Self-Organizing Maps[M]. NewYork：Springer Series in Information Sciences，Spinger-Verlag，2001.

[36]　BISHOP C M，SVENSEN M，WILLIAMS C K I. GTM：The Generative Topographic Mapping[J]. Neural Computation，1998，10(1)：215-234.

[37]　GRIFFITHS T L，KALISH M L. A Multi-dimensional Scaling Approach to Mental Multiplication[J]. Memory&Cognition，2002，30(1)：97-106.

[38]　HINTON G E，ROWEIS S T. Stochastic Neighbor Embedding[C]. Cambridge，MA：Advancesin Neural Information Processing Sytems，MIT Press，2003：833-840.

[39]　BARBARA D，DUMOUCHEL W，FALOUTOS C，et al. The New Jersey data reduction report[J]. Bull，Technical Committee on Data Engineering，1997，20：3-45.

[40]　钱宇. 数据聚类中基于浓度噪音消除的可视化参数选择方法[J]. 软件学报，2008(08)：1965-1979.

[41]　CAMASTRA F. Data Dimension Estimation Methods：A Survey [J]. Pattern Recognition，2003，36(12)：2945-2954.

[42]　GRAY J，CHAUDHURI S，BOSWORTH A，et al. Data Cube：A Relational Aggregation Operator Generalizing Group-By，Cross-Tab，and Sub-Totals [J]. Journal Data Mining and Knowledge Discovery，1997，1(1)：29-59.

[43]　AGARWAL S，AGARWAL R，DESHPANDE P M，et al. On the computation of multi-dimensional aggregates[C]. In Proc. 1996 Int. Conf. Very Large Data Bases(VLDB'96). Bombay，1996：506-521.

[44]　赵恩来，郝文宁，刘航，等. 基于时序聚类的北斗位置冗余数据压缩算法[J]. 计算机工程，2012，38(04)：40-42.

[45]　HAO W，ZHAO E，ZHANG H，et al. Research on similarity matching for multiple

granularities time-series data[C]//International Conference on Advanced Data Mining and Applications. Springer, Berlin, Heidelberg, 2010: 549-556.

[46] HAO W, ZHAO E, ZHANG H, et al. Similarity Matching Algorithm of Multiple Granularities Time-Series Data [C]//2010 International Conference on Multimedia Information Networking and Security. IEEE, 2010: 861-865.

[47] HAO W, ZHAO E, ZHANG H, et al. Hypothesis Test-based Similarity Matching algorithm of time-series data[C]//2010 International Conference on Computer Application and System Modeling (ICCASM 2010). IEEE, 2010.

[48] BEYRAMYSOLTAN S, ABDOLLAHI H, MUSAH R A. Workflow for the Supervised Learning of Chemical Data: Efficient Data Reduction-Multivariate Curve Resolution (EDR-MCR)[J]. Analytical Chemistry, 2021, 93(12).

[49] ALMASION, ROUHANI M. A geometric-based data reduction approach for large low dimensional datasets: Delaunay triangulation in SVM algorithms-ScienceDirect [J]. Machine Learning with Applications, 2021,4:100025.

[50] MARKOS A, MOSCHIDIS O, CHADJIPANTELIS T. Sequential dimension reduction and clustering of mixed-type data[J]. International Journal of Data Analysis Techniques and Strategies, 2020, 12(3): 228.

[51] KUMAR S, ANDERSEN M P, CULLER D E. Mr. Plotter: Unifying Data Reduction Techniques in Storage and Visualization Systems[J], arXiv preprint arXiv: 2016,12505, 2021.

[52] GIRAUD-CARRIER C, VILALTA R, BRAZDIL P. Introduction to the special issue onmeta-learning. Machine Learning, 2004, 54:187-193.

[53] ANDERSON M L, OATES T. A review of recent research in metareasoning andmetalearning. AI Magazine, 28(1): 7-16, 2007.

[54] BRAZDIL P, CARRIER C G, SOARES C, et al. Meta-learning: Applications to Data Mining[M]. Springer Science & Bussiness Media, 2008.

[55] VILALTA R, GIRAUD-CARRIER C, BRAZDIL P, et al. Using meta-learning tosupport data mining. International Journal of Computer Science and Applications, 2004,1(1): 31-45.

[56] TSYMBAL A, PUURONEN S, TERZIYAN V Y. Arbiter meta-learning with dynamicselection of classifiers and its experimental investigation. In Advances in Databasesand Information Systems, 1999: 205-217.

[57] SOARES C, BRAZDIL P. Zoomed ranking: selection of classification algorithmsbased on relevant performance information. In Principles of Data Mining and Knowledge Discovery. Proceedings of the 4th European Conference (PKDD-00. Springer, 2000: 126-135.

[58]　KALOUSIS A. Algorithm Selection via Meta-Learning. PhD thesis. University of Geneva，2002.

[59]　KALOUSIS A，HILARIO M. Representational issues in meta-learning [C]//Machine Learning，20th International Conference. DBLP，2003.

[60]　ROIL，BRAZDIL P. Predicting a relative performance of classifiers from samples [C]// International Conference on Machine Learning. ACM，2005.

[61]　SOUTO M，PRUDÊNCIO R，SOARES R，et al. Ranking and selecting clustering algorithms using a meta-learning approach [C]//IEEE International Joint Conference on Neural Networks(IJCNN). IEEE，2008.

[62]　HILARIO M，NGUYEN P，DO H，et al. Ontology-Based Meta-Mining of Knowledge Discovery Workflows. Meta-Learning in Computational Intelligence，2011：273-315.

第 2 章　数据归约知识体系及本体模型

大数据归约具有非常强的领域相关性、技术适用性和任务针对性，需要相关业务领域信息管理和信息应用、数据工程技术领域信息处理等跨领域的知识支持，不同领域的参与者对数据归约处理有着不同的背景知识、实现目标、偏好、技能和解决方法。另外，数据归约相关理论方法的知识体系目前尚不完善，制约着数据归约知识库的构建和应用，因此，为了实现数据归约过程中各环节的知识支撑，需要研究跨领域数据归约知识的统一抽取、表达、集成等方法，完善数据归约知识体系架构。本章着眼数据归约跨领域知识难于构建、集成和共享等问题，基于本体论的知识表达方法，从分析数据归约活动中不同领域参与者的特征和相关知识的依赖性入手，研究跨领域数据归约过程的概念抽取、结构化建模和形式化描述方法，以及采用多视角方法获取不同参与者的推理逻辑和关键决策思路的方法，建立数据归约的多维知识体系架构及其本体模型，在此基础上重点研究业务领域本体、数据归约任务本体的定义及核心概念模型，梳理完善领域大数据归约相关理论方法，并为后续章节中相关归约任务的核心概念分析提供基础框架。

2.1　数据归约概述

领域大数据归约的知识表示指的是捕捉该领域数据归约活动的关键特征并通过特定语言进行规范化描述或形式化表达，便于用户对领域知识进行无歧义理解和交流，同时方便被计算机理解、处理和应用。目前为止，比较具有代表性的知识表示方法包括谓词演算、语义网络、框架、概念图和本体论方法等。其中，本体论的知识表示方法兼顾表示能力和推理能力，得到各领域知识表示研究者的信任。采用本体技术作为数据归约知识的构建基础，有助于提高数据归约知识库的可重用性、可靠性及知识获取能力。具体实现中，面向用户采用语义 Web 语言（Web Ontology Language，OWL）作为数据归约本体的语义描述语言，于本体编辑维护和共享重用，面向计算机采用描述逻辑（Description Logics，DL）作为数据归约知识的形式化表达和推理语言，便于归约知识的计算推理，在此基础上构建领域大数据归约的描述逻辑知识库。

2.1.1　本体描述语言

本体（Ontology）是一个哲学上的概念，是客观存在的一个系统的解释或说明，关心的是客观现实的抽象本质。近二十年来，本体概念广泛应用于计算机领域，用于人工智能研究中的知识表示、共享及重用，目前已成为知识工程、自然语言处理、协同信息系统、智能信息集成、Internet 智能信息获取、知识管理等各方面普遍研究的热点。

各领域中关于本体的定义都大同小异，其中，引用最为广泛的是 Tom Gruber 给出的定义：“本体是概念模型的明确规范化说明”；Studer 等人将其总结为“本体是共享概念明确的形式化规范说明"，其根本作用就是为了构建领域的概念模型。因此，本体通常也被称为领域模型（Domain Model）或者概念模型（Conceptual Model），是关于特定知识领域内各种对象、对象特性以及对象之间可能存在关系的理论。本体通过对应用领域的概念和术语进行抽象，形成了应用领域中共享和公共的领域概念，可以描述应用领域的知识或建立一种关于知识的描述。本体的抽象可能是很高层次的抽象，也可能是特定领域的概念抽象。Guarino(1997)提出根据对领域的依赖程度将本体从低到高分为四大类，即顶级本体（Top-level Ontology）、领域本体（Domain Ontology）、任务本体（Task Ontology）和应用本体（Application Ontology）。顶级本体用于描述最普遍的概念及概念之间的关系，即人们所接触的所有类目的通用框架；其余本体均是顶级本体的特例，领域本体用于描述特定领域中概念及概念之间的关系；任务本体用于描述特定任务或行动中概念及概念之间的关系，应用本体用于描述依赖于特定领域和任务中概念及概念之间的关系。

为了能够让用户很清晰地、形式化地对领域模型进行概念描述，同时能够方便计算机理解、处理和应用，采用本体语言来描述本体。本体描述语言大体上可以分为三个大类：基于图的本体表示语言、基于谓语逻辑的本体表示语言和基于 Web 的本体描述语言。其中，基于 Web 的本体描述语言是一种标记语言，相对于前两者具有更丰富的表达能力，因而成为研究和应用的热点。现有的 Web 标记语言主要有：SHOE、XOL、RDF、RDFS、OIL、DAML、DAML＋OWL 及 OWL。其中，OWL 在本体共享、本体互操作性、本体进化、不一致性检测、兼容性、表达的平衡性和可预测性、国际化、应用轻松等多个方面具有明显的优势。因此，本章采用 OWL 语言作为领域大数据归约的本体描述语言，其主要用于本体模型的可视化编辑维护、跨领域共享重用等方面。

本体的 OWL 描述使用的基本元素包括：类（Class）、子类（subClassOf）、属性（Property）、实例（Individual）和约束（Restriction）。其中，类是具有相同属性的个体组成的集合，为所有类的父类；子类继承父类的属性，用来表现类间的上下位关系；属性用于确定对象资源之间的关系，包括两个基本类：所有个体之间关系的类，所有个体和文字值之间关系的类；实例表达的是某个类的一个个体成员；约束是 OWL 本体类公理的核心部分，主要用以描述概念间存在的各种约束条件。

2.1.2　描述逻辑知识库

如上所述，OWL 作为一种语义 Web 本体语言，能够提供良好的语义描述功能，面向"人"实现知识管理。但基于本体的知识推理需要面向"计算机"来实现逻辑计算，描述逻辑恰好能够满足需要。实际上，描述逻辑的设计目标就是将 OWL 语义描述映射为具有推理能力的形式化表达方式，这种映射允许 OWL 充分利用来自描述逻辑研究的形式化成果，以及比较成熟的描述逻辑推理机来为 OWL 应用提供推理服务。

描述逻辑是建立在概念和关系之上的、基于对象的知识表示的形式化工具，其中概念对应于逻辑中的一元谓词，关系对应于逻辑中的二元谓词。描述逻辑是一阶谓词逻辑的一个可判定子集，其重要特征是具有很强的表达能力和可判定性。

基于描述逻辑，领域大数据归约知识库主要由两大部分知识构成：

$$\sum_{mtdr} = \langle \text{TBox}，\text{ABox} \rangle$$

其中，TBox 表示术语断言(或称包含断言)集合，用来描述问题领域的一般性知识，即抽象知识，包括如下两种形式：$C \sqsubseteq D(R \sqsubseteq S)$ 和 $C \equiv D(R \equiv S)$，这里 C 和 D 为概念(R、S 为关系)，第一种形式称为包含，表示概念 D 包含于概念 C(关系 R 包含于关系 S)；第二种形式称为等价，表示概念 C 和概念 D 等价(关系 R 和关系 S 等价)。

ABox 表示实例断言集合，用来描述与特定问题相关的具体知识，包括如下两种形式：$C(a)$ 和 $R(b,c)$，其中 C 是概念，a、b、c 是个体的名字，R 是一个关系，第一种形式为概念判断，表明 a 是概念 C 的一个个体实例；第二种形式称为关系判断，表明 b、c 是关系 R 的承载者。

2.2　多维数据归约知识体系架构

数据归约是一个技术复杂度高、参与者(Actor)协作性强的数据预处理过程，并具有目标驱动和领域依赖的特点。其中，技术复杂度主要体现为待归约数据具有海量、高维和异构特性，以及归约过程具有较强的嵌入性和迭代性，过程嵌入性指的是许多过程节点通常可以分解为多级的子流程(Subprocess)，过程迭代性指的是某个过程节点根据情况可回溯至前面的节点重复执行。参与者协作性强主要体现在数据归约过程中，有不同领域专家和系统应用人员(或称系统用户)参与数据系统设计及使用，不同类型的参与者有着各自的数据归约处理关注问题，如图 2-1 所示。在数据归约系统研究和实现中，需要各类参与者集智协作，才能保证系统的实用、可用和易用。

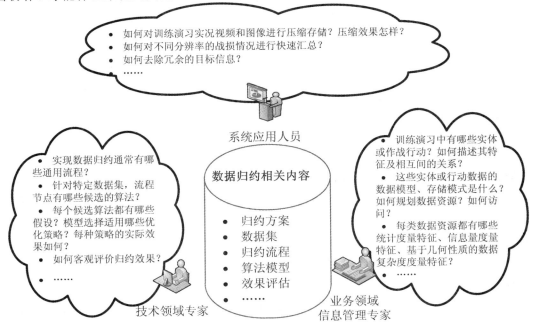

图 2-1　不同参与者的数据归约侧重点

2.2.1 多视角的数据归约领域知识

如上所述，数据归约包含许多过程节点(或工作步骤)，不同的过程节点需要不同的领域知识支撑，这些知识通常由不同类型参与者掌握，这些参与者面临不同的问题域，对数据归约处理有着不同的背景知识、实现目标、偏好、技能和解决方法。因此，为了实现数据归约过程中各环节的知识支撑，需要解决同一类型参与者知识集成和跨领域知识共享的问题。依据不同参与者的视角，数据归约的主要过程及相关领域知识的关系示意图如图2-2所示。

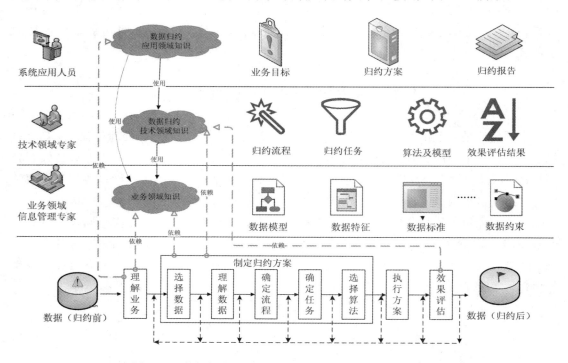

图 2-2 数据归约主要过程及相关领域知识的关系示意图

(1) 对于数据归约系统应用人员而言，侧重于数据归约系统运行阶段的跨领域知识综合应用，其关注的领域知识主要包括业务目标、归约方案及归约报告等。在整个数据归约知识体系中，这些知识属于应用场景(Scenarios)或上下文(Context)知识。在"理解业务"环节中，首先需要基于相关领域的先验知识，更好地理解业务对象及其数据表示(例如，作战行动对应的数据源、数据模型、数据特征、数据标准和数据约束等)，然后才能确定数据归约的业务目标，即确定对哪些业务对象进行哪些归约处理(数据压缩、维归约、元组归约和数值归约)。在"制订方案"环节中，基于数据归约技术领域知识和业务目标，确定适当的归约流程(Process)、每个流程节点对应的归约任务、每个任务对应的算法及模型、相应的软件包操作接口等。以上跨领域知识的应用一般在系统运行时通过知识推理来自动实现，应用人员无须了解相关知识细节。

(2) 对于技术领域专家而言，侧重于数据归约系统设计阶段的本领域知识体系构建，其关注的领域知识主要包括数据归约流程、归约任务、算法及模型、效果评估结果等方法技术，这是数据归约知识体系的核心，也是本章研究的重点。由于数据归约相关技术具有非常强的领域依赖性，因此，需要基于相关业务领域知识，针对不同特征的数据集，选择、配置、组合和使用机器学习、数据统计分析、数据挖掘、人工智能等专业技术领域的工具或方法，研究形成数据归约技术领域知识，为系统应用人员进行归约方案制订和归约效果评估提供知识支撑。

（3）对于业务领域信息管理专家而言，侧重于本领域相关业务对象、业务活动等相关数据体系框架设计、信息资源规划等知识构建，其关注的领域知识主要包括该领域的数据模型、数据特征、数据标准和数据约束等，这些知识与上层的技术和应用知识通常是松耦合的，主要用于支撑数据理解。

如上所述，数据归约的知识体系与视角（Viewpoint）是密切相关的。视角是 M. A. Minsky 在 20 世纪 70 年代提出的一个多义概念，主要用于多个视图（Multiview）的知识表示以及复杂系统的建模和设计。随后，围绕视角的内涵、表示和解释，产生了许多不同的名称，例如观点（Perspective）、语境或上下文（Context）、看法（Opinion）等。

目前，多视图方法在许多研究领域得到了广泛应用，例如，A. Finkelstein 在 1990 年提出了基于视图的软件过程；S. Abiteboul 和 A. Bonner 在 1991 年提出了 O2 Views 的对象数据库；1995 年，A. Kriouile 提出了基于视图的面向对象方法（View Based Object Oriented Method，VBOOM），E. S. Marcaillou 提出了基于视图的面向对象语言（View Based Object Oriented Language，VBOOL）；H. Mili 在 2000 年提出了基于视图的编程方法；M. Nassar 在 2004 年提出了基于多视图的统一建模语言（Unified Modeling Language，UML），等等。

多视图方法在知识工程领域也取得了应用成果，例如，D. G. Bobrow 和 T. Winograd 在 1977 年提出了面向对象的知识表示语言（Knowledge Representation Languages，KRL），随后，出现了 LOOPS（D. G. Bobrow，M. J. Stefik，1982 年）、ROME（B. Carré 等，1990 年）、FROME（L. Dekker、B. Carré，1992 年）和 TROPES（O. Marino，1993 年）等改进研究成果；1998 年，B. Trousse 将多视图方法用于基于多专家经验（Multi-expertise）的航天器等复杂系统建模与设计；2002 年，M. Ribière 和 K. R. Dieng 基于多视图方法开发了多专家（Multi-expert）知识库；E. Zemmouri 在 2012 年提出了基于本体模型的多视图知识发现过程。

在上述的研究中，对于视角有着不同的定义，M. Ribière 和 K. R. Dieng 将其总结为两类：观点视角（Perspective Viewpoint）和看法视角（Opinion Viewpoint），其中观点视角指的是不同的专家利用不同的概念框架来分析同一个对象（系统、知识库、问题等），基于给定的视角，可以获得相关信息或知识的子集；看法视角则指的是专家对于对象的主观看法，与专家的经验、知识、工作目标和任务密切相关。

本书采用多视角方法来表达不同参与者对于复杂的数据归约问题的不同视图，主要参考了知识工程中的相关定义，同时考虑 M. Ribière 和 K. R. Dieng 提出的观点视角和看法视角。

定义 2 - 1　数据归约视角（DR_Viewpoint）是一个接口界面（Interface），允许系统用户、技术专家和业务专家进行以下操作：（1）基于各自目标来获取相关领域知识的子集；（2）捕捉（Capture）数据归约过程的推理逻辑和关键决策思路的语义，构建知识模型。

根据具体的知识构成，数据归约视角的相关表达形式如下：

$$\text{DR\_Viewpoint}$$
$$\equiv \{\text{DR\_ViewpointForUser}, \text{DR\_ViewpointForTechnologist},$$
$$\text{DR\_ViewpointForBusiness}\} \tag{1}$$

$$\text{DR\_ViewpointForUser}$$
$$\equiv \exists\, \text{dependentedByCtx}.\,\text{Reducted\_Domain}$$
$$\bigcup \forall\, \text{dependentedByCtx}.\,\text{Reduction\_Domain} \bigcup \forall\, \text{hasUsed}.\,\text{Context} \tag{2}$$

$$\text{DR\_ViewpointForTechnologist}$$
$$\equiv \exists\, \text{dependentedByTec}.\,\text{Reducted\_Domain} \bigcup \forall\, \text{hasUsed}.\,\text{Reduction\_Domain} \tag{3}$$

$$\text{DR\_ViewpointForBusiness} \equiv \forall\, \text{hasUsed}.\,\text{Reducted\_Domain} \tag{4}$$

其中，DR_ViewpointForUser 表示系统用户视角，DR_ViewpointForTechnologist 表示技术专家视角，DR_ViewpointForBusiness 表示业务专家视角；Reducted_Domain 表示待归约数据涉及的业务领域相关知识，Reduction_Domain 表示数据归约技术领域相关知识，Context 表示系统应用领域相关知识。

表达式(1)表明数据归约视角是系统用户、技术专家和业务专家其中的一个(oneOf)视角；表达式(2)~(4)表明在不同视角中，基于各自目标可以获取的知识，以及相关知识的依赖关系，这种依赖关系也确定了知识模型构建过程中参与者之间的协作关系。

因此，依据数据集及目标，基于不同参与者视角能够有效过滤相关领域的知识(例如，方案、任务、算法、工具、流程等)。通过相关领域知识的知识抽取(Eliciting)、结构化建模(Structuring)和形式化描述(Formalization)三个步骤，最终建立相应的知识模型，其中，知识抽取是指基于数据归约的跨领域标准流程分析，获取不同参与者视角的推理逻辑和关键决策思路的准则(Criteria)及其概念框架，在此基础上，分别从参与者视角、知识库构成和知识层次三个维度建立数据归约知识体系架构及其本体模型，最后，通过 OWL 对本体模型进行形式化描述。

2.2.2 跨领域数据归约标准过程参考模型

如上所述，恰当地抽象不同参与者视角准则(Criteria of a Viewpoint)，即确定参与者从不同角度所关注的数据归约内容及其特征，是合理建立数据归约知识体系及其本体模型的关键。换而言之，一旦数据归约知识体系及其本体模型被确定，相应的知识准则就确定了参与者视角，并且能够指导数据归约过程的执行、记录参与者的推理逻辑和决策思路。视角准则分为一般(Generic)和特殊(Specific)两种类型。当某个视角准则尚未实例化(Instantiated)时，称其为一般视角准则，例如，"数值归约任务"是一个一般准则，而"数值归约任务＝立方体计算"则是一个特殊视角规则；另外，当某个视角与特定应用领域、实现技术和工具无关时，也称其为一般视角准则，例如，"数据集"就是一个一般准则。为提高建立的数据归约知识体系及本体模型的可推广性，本章侧重研究一般视角准则，构建通用的数据归约本体模型，根据项目背景，延伸到部分的特殊视角准则。例如，针对海量非结构化数据的归约问题，研究提出"基于局部哈希优化策略的元组归约"的特殊准则，针对维度信息频繁更新条件下的数据归约问题，研究提出"基于约束的立方体聚集计算"的特殊准则，等等。

不同领域参与者的视角准则及其相应的知识模型与数据归约过程密切相关，因此，本章提出了跨领域数据归约标准过程（Cross-Domain Standard Process for Data Reduction，CDSP-DR）的参考模型。在 CDSP-DR 参考模型中，数据归约过程通过流程（Process）、阶段（Phase）、任务（Task）和数据（Data）四个顶层概念来抽象描述和组织，如图 2-3 所示。其中流程可分解为嵌套（子）流程，每个流程包含若干阶段，每个阶段执行多个任务，整个数据归约流程关键的输入和输出为数据。

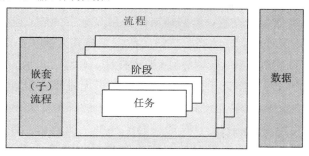

图 2-3　CDSP-DR 的顶层概念图

依据该参考模型，通过对数据归约过程进行不同层级的抽象和描述，可以确保一般视角准则的抽取及其知识模型的建立。在 CDSP-DR 顶层，数据归约过程被组织为理解业务、制订归约方案、执行归约方案、评估归约效果、管理归约知识五个阶段，如图 2-4 所示。

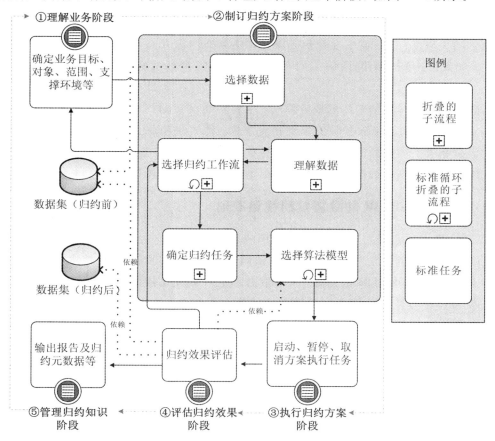

图 2-4　跨领域数据归约标准流程顶层参考模型

理解业务是数据归约的初始环节，完成的任务主要包括确定业务目标、归约对象及范围、支撑环境、预期归约效果及标准、允许的系统开销等。

制订归约方案是数据归约的关键环节，也是涉及技术最为复杂、知识交叉依赖最多的阶段，同时也是基于本体的归约知识模型和知识库构建、知识推理机制研究和系统研制的核心，此阶段涵盖选择数据、理解数据、选择归约工作流（Workflow）、确定归约任务（Task）和选择算法模型五个子流程。依据确定的业务目标等内容，基于归约知识库及其推理机制，在选择数据子流程中，自动确定待归约数据集及其元数据；在理解数据子流程中，自动获取对应数据集的数据模型、数据特征（统计特征、平均信息量、几何特征等）、数据标准和数据约束；在选择归约工作流子流程中，基于知识库推理获得候选的工作流，如果没有合适的工作流，则需要重新确定业务目标；在确定归约任务子流程中，自动推理获得已选择工作流各个节点对应的归约任务；在选择算法模型子流程中，自动确定完成每个归约任务所需的算法或模型。上述的选择归约工作流和选择归约算法模型是标准循环子流程，通常需要基于元学习或元挖掘（Meta Learning/Mining）技术，通过反复实验验证选择结果。

执行归约方案是数据归约的实现环节，主要完成在设定的支撑环境上，用于对归约方案执行进程进行管理（启动、暂停、取消）。如果支撑环境是分布式，问题就比较复杂，需要完成归约任务及其相关数据的分发、同步等。

评估归约效果是数据归约质量控制环节，主要从归约前后数据集的体积减小程度、平均信息量减少程度、统计特征变化程度以及算法复杂度等方面完成本次数据归约方案的效果评估，如果未达到初始阶段确定的预期效果，则需重新选择归约工作流、任务及算法模型。

管理归约知识是数据归约的最后阶段，主要将当前数据归约的结果报告、流程元数据保存到知识库中，为其他数据归约提供知识支撑。需要说明的是，流程元数据是指描述数据归约流程相关实体特征的数据，主要包括数据集、工作流、任务、算法模型等特征数据，以及归约效果评估结果数据，具体特征项由本体模型的相关定义确定。

2.2.3 基于 CDSP-DR 的数据归约视角准则

CDSP-DR 本质上是一个数据归约过程的概念框架以及实现数据归约的通用方法描述，反映数据归约的全生命周期，一般不依赖特定的应用领域、归约技术或工具。因此，通过分析上述的 CDSP-DR 相关概念，抽取并形成一般视角准则，基于一般视角规则构建的知识模型将具有较好的体系完整性和高层概念框架的稳定性，当具体到特定的应用领域时，必须严格依照既有体系及其概念框架约束，扩展特殊视角及其知识模型，便于知识集成和共享。

基于 CDSP-DR 抽取一般视角准则时，分别从系统用户、技术专家和业务专家的视角出发，针对各流程的每个阶段，以任务分析为核心，重点考虑以下因素：需要归约业务背景即上下文（Context）知识支撑的任务及其特征，需要业务领域和技术领域知识支撑的工作流程、相关任务及其特征，依赖于业务目标及效果评估标准的不同参与者的技能、专业知识和任务，等等。基于 CDSP-DR 抽取的部分数据归约通用视角准则如表 2-1 所示。

表 2-1 基于 CDSP-DR 的数据归约通用视角准则(节选)

	业务专家视角	技术专家视角	系统用户视角
理解业务阶段	• 业务范围 • 项目资源(数据、知识、人员、支撑环境) • 需求,假设 • 风险 • 数据标准,数据词典,数据约束 • ……	• 归约任务 • 评估标准(工作流、算法及模型复杂度;运行效率;数据集体积、统计特征、平均信息量等变化程度) • 候选的工作流、算法及模型 • 归约工具的选择、配置 • ……	• 业务目标,确定针对哪些业务实体数据进行何种(数值归约、维归约、元组归约、数据压缩)归约处理 • 业务评估标准 • 允许系统开销及代价 • 预期效果 • ……
制订归约方案阶段	• 业务实体的时态特征(静态,动态) • 数据分布 • 数据集及数据源 • 数据存储模式(结构化、非结构化、半结构化) • 数据表示格式(基本类型、结构类型) • 数据集特征(命名、与业务对象对应关系、元组数目、特征数目及类型等) • 数据集角色及分区(归约前后数据集;训练、测试及校验数据集) • 数据质量(缺失值、噪音、不一致等数量) • 元数据 • 数据选择规则及方法 • 数据转换规则及方法	• 数据归约方法、手段及对象等相关实体的时空特征(动态、静态) • 数据理解(统计特征计算、平均信息量计算、描述性统计等) • 数据清洗、数据集成、数据转换方法及工具 • 数据归约(元组归约、数值归约、维归约、数据压缩)方法相关的工作流及任务 • 完成归约任务的相关算法及模型选择(算法假设和复杂度、建模技术及优化策略、算法及模型评估、模型配置与组装等) • 实现算法或模型的程序接口及访问机制 • 基于知识推理的候选工作流推荐(在系统设计时) • 基于元学习/元挖掘的实验设计(在系统设计时)	• 数据归约方案管理(新建、编辑和删除) • 归约方案涉及的数据集、工作流确认 • 确定工作报告模板 • 确定运行支撑环境 • ……
执行数据归约方案阶段	• 数据集访问日志 • ……	• 归约工具(或程序)执行日志 • ……	• 归约进程管理(启动、暂停和取消) • 系统运行状况(系统开销、网络状况等) • ……
评估归约效果阶段		• 数据集蒸发率 • 数据集统计特征变化 • 数据集平均信息量变化 • 算法复杂度 • 运行效率 • ……	• 是否满足预期效果 • 是否重新开始归约 • ……

续表

	业务专家视角	技术专家视角	系统用户视角
管理数据归约知识阶段		• 数据归约工作流元数据（数据集、工作流、任务、算法或模型等特征数据，以及归约效果评估结果数据）的存储管理 • 数据归约知识模板更新 • ……	• 归约结果报告 • 归约后数据集

2.2.4 数据归约知识组织及体系架构

基于以上分析，本节构建了数据归约知识体系架构，采用本体技术从三个维度分别对数据归约的相关知识进行描述和组织，如图 2-5 所示。其中，依据数据归约涉及实体的时态特征和抽象程度，将本体描述对象在顶层上分为持久实体（Eudurant）、持续实体（Perdurant）、实体特性（Quality）和抽象实体（Abstract）四大类，形成业务领域数据归约顶层本体（Upper Ontology for Military Training Data Reduction，UOMTDR），作为数据归约本体模型设计基础，用于从根本上确定整个数据归约知识体系中基本实体及其概念的分类体系，提高上层本体在实体概念层次上的一致性和跨领域互操作性；依据数据归约不同参与者视角规则以及本体研究层次，将本体分为领域本体（Domain Ontology）、任务本体（Task Ontology）和应用本体（Context Ontology），用于提高本体共享重用程度和确定本体建设主体；依据知识库的构成，将本体区分为数据归约本体（Domain Date Reduction Ontology，DDRO）、数据归约知识库（Domain Date Reduciton Knowledge Base，DDRKB）和数据归约实验数据库（Domain Data Reduction Experiment Database，DDREX-DB）三部分，用于本体的组织、存储和管理。

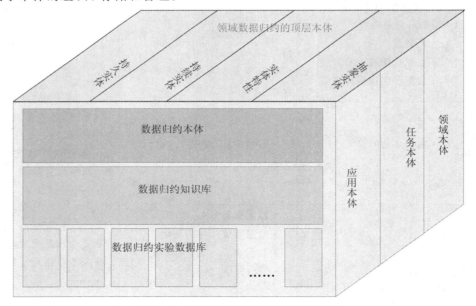

图 2-5 数据归约知识体系架构示意图

1. 领域数据归约的顶层本体

顶层本体又称为基本本体或通用本体,是领域本体建立的基础,反映人们对客观世界的认识和理解。顶层本体的设计是整个本体模型建立的出发点,从不同参与者的视角来看,业务领域大数据归约本体具有典型的跨领域特征,领域之间通常存在概念体系及语义上的差别,因此跨领域的知识重用和集成,需要从根本上解决概念语义互操作与集成问题。基于同一顶层本体的概念、公理和断言构建领域本体,可以实现多个领域本体在顶层本体上具有相同的映射,能够有效提高不同本体模型在概念层次上的一致性,实现跨领域的知识共享、组织管理和集成应用。需要特别说明的是,本节使用"领域数据归约的顶层本体"一词实际上表达的意思是"领域数据归约本体模型采用的顶层本体",并非与特定领域或应用相关。

由于不同的本体设计者对客观世界的事物和现象的认知存在差异,因此顶层本体的体系也有着较大区别。顶层本体的设计者在概念及其关系的构造过程中,有着不同的选择角度,因此顶层本体选择描述也有多种,主要包括描述性本体和修正性本体,繁杂性本体和简约性本体,部分本体和整体本体,一般本体和特殊本体,持久本体和持续本体,等等。其中,描述性本体反映本体设计者对客观世界的认识,修正性本体则力图反映客观世界的本质;繁杂性本体通常用大量的概念详尽描述特定的事物和现象,而简约性本体则用最少的最原始的"元概念"(元本体)来生成复杂的概念;整体本体由部分本体组合(Composition)或聚合(Aggregation)而成,组合关系比聚合关系表达的"整体—部分"的意味更强,例如"突击队"由一名"队长"和若干名"队员"聚合而成,而"人体"由"头""躯干"等组合而成;一般本体通常不能实例化,而特殊本体则可以;持续本体和持久本体通常与三维本体(3-Dimension)和四维本体(4-Dimension)是等价的,持久本体通常描述了在任何时间段都有定义的实体,持续实体描述了在特定时间段有定义的实体。

目前,许多组织和研究机构正在进行顶层本体的研究与设计,其中 IEEE 标准顶层本体工作组的目标是规定一个顶层本体框架,促进基于该本体的数据交互、信息搜索、自动推理和自然语言加工等应用,该组织将顶层共用知识本体(Suggested Upper Merged Ontology,SUMO)和 Cye 顶层本体(Upper Cye Ontology,UCO)等作为候选顶层本体;欧盟信息社会委员会的研究项目 Wonder Web 的目标是建成支持语义网的本体基础设施,其研究的顶层本体主要包括语言及认知工程描述本体(Descriptive Ontology for Linguistic and Cognitive Engineering,DOLCE)、对象中心高层参考本体(the Object-Centered High-level Reference,OCHER)等。

重新构建顶层本体是一项非常复杂的任务,本书主要通过评估选用现有成熟的顶层本体作为设计模板,顶层本体的评估主要考虑两个方面的因素:一是知识表示语言的可表达性,二是本体的结构体系,主要依赖本体的选择、假设及其承诺。业务领域数据归约的顶层本体主要以 DOLCE 为基础,依据上层本体的目的及实际应用范围进行设计。选择DOLCE的主要原因是,与其他成熟的顶层本体相比,首先,DOLCE 完全免费向公众公开,没有任何的使用或扩展方面的约束;其次,DOLCE 具有最小规模的术语结构,适合作为其他本体库的参考本体,同时它是基于大规模基础本体的单一模块,便于与其他顶层本体实现互操作；最后，DOLCE 目前已被成功应用于法律、医药、农业等领域的本体构建，在数据工程和知识工程方面也有成功应用，如数据挖掘优化本体（the Data Mining Optimization Ontology，DMOP）就是基于 DOLCE 构建的。领域大数据归约的顶层本体如图 2-6 所示。

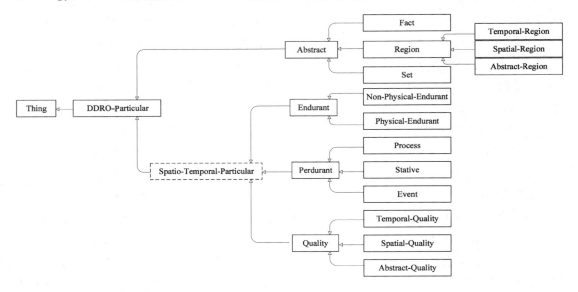

图 2-6　领域大数据归约的顶层本体

在领域大数据归约的顶层本体中，最顶层概念为事物（Thing），其下位概念为领域数据归约专用本体概念（DDRO-Particular），表示此层以下的所有概念主要的应用范围。在业务领域大数据归约中，依据相关事物的抽象程度，首先所有事物分为主观抽象实体（Abstract）和客观存在实体，客观存在实体通常具有确切的时间和空间特征，因此也称为时空实体（Spatio-Temporal-Particular）；依据时空实体的时态及特性，可分为三大类：持久实体（Endurant）、持续实体（Perdurant）和实体特性（Quality），它们与时空实体的等价关系如下：

$$Spatio\text{-}Temporal\text{-}Particular$$
$$\equiv MTDRO\text{-}Particular \cap (Endurant \cup Perdurant \cup Quality)$$

为了从本质上区分具有时空特征的实体，我们采用 P. Grenon 和 B. Smith 提出的现实世界实体的静态和动态两种时态描述方法，从三维（空间维度）角度刻画事物的静态存在，从四维（空间维度＋时间维度）角度刻画事物的动态演化，从而将客观事物区分为持久实体和持续实体两大类。

持久实体表示客观存在、任意时间点都有确切定义、不随时间推移发生实质改变的实体，它适用于整体性与部分性、一般性与特殊性的本体选择方法，也就是说，持久实体包括实体及其组成部分，以及父类或子类实体。持久实体依据其物理存在与否，又分为物理持久实体（Physical-Endurant）和非物理持久实体（Non-Physical-Endurant）。例如，特定类型装备、装备零部件等是物理持久实体，数据集、数据压缩算法等是非物理持久实体，等等。

持续实体表示在特定时段或某个过程才有定义的实体，可分为过程（Process）、事件

（Event）和状态（Stative），例如，一次行动、某个事件、某时刻的战场态势、特定的数据归约实验、数据归约过程中的特定操作，等等。

实体特性（Quality）用来描述持久实体或持续实体的相关特性，可以简单理解成实体的对象属性描述，主要包括时态特性（Temporal-Quality）、空间特性（Spatial-Quality）和抽象特性（Abstract-Quality）三个子类概念。时态特性用于描述持续实体的发生的时刻或时间范围等，空间特性用于描述持久实体或持续实体存在或发生的位置、占有的空间等，抽象特性用于描述实体的特质、功能、角色等。

2. 领域大数据归约本体

依据不同参与者视角规则以及本体研究层次，领域大数据归约本体分为以下三类：

（1）领域本体，主要刻画业务领域中的各类实体、行动、任务和交互行为等相关概念及其关系。领域本体的主要作用是为数据归约提供数据集的业务特征、业务对象的概念层次模型、实体关系及属性值约束等。详细内容在后续章节进行阐述。

（2）任务本体，主要刻画数据归约涉及的工作流、任务、算法模型、数据集等相关概念及其关系。任务本体是本章研究的重点，详细内容在后续章节逐步展开阐述。

（3）应用本体，主要刻画数据归约应用系统设计实现中的相关概念及其关系，在本节主要是指用户与系统交互过程中需要掌握的相关概念及其关系，主要包括归约方案、归约业务目标、归约报告等。应用本体通过与业务领域和数据归约技术领域本体建立关系，利用知识推理机制，为用户提供与技术细节无关的应用体验。

3. 领域大数据归约本体的组织管理

领域大数据归约本体模型及知识库的构建目的及用途主要体现在以下几个方面：

（1）为数据归约的科学研究、工程实践提供知识框架和决策支持。在数据归约方法和技术研究中，涉及大量的跨领域知识，本体可以浓缩表示和精确描述这些知识，为研究者提供完整的概念框架和统一的语义环境；在数据归约方法和技术应用中，针对特定的业务目标如何选择数据集，针对选定的数据集如何确定合适的归约算法模型，是影响数据归约效果的关键决策步骤，特别是确定相关算法模型将面临很大的候选空间及复杂的选择准则。通过本体提供的先验知识（Prior Knowledge），可以有效地减小选择范围，提高数据归约中各种决策的科学性。

（2）为数据归约过程中关键环节的自动化执行提供支持。通过本体推理，提供了归约方案制订、工作流及相关任务描述、算法模型选择等自动化机制，面向系统用户屏蔽技术细节，有效降低了学习成本和工作复杂度。

（3）为元学习/元归约的实现提供支持。基于本体知识库，通过频繁的模式挖掘和规则学习，可以获得通用的数据归约模式，同时，归约本体为数据归约提供了一个高阶的特征空间，基于该特征空间和数据归约实验结果，通过元学习/元归约，可自动确定比较恰当的归约工作流及其组成要素，提高了归约方案的执行效果。

为了实现以上目标，同时便于数据归约本体的组织、存储、管理和应用，军事训练演习数据归约本体在物理上被分为三大部分：领域数据归约本体（DDRO）、领域数据归约知识库（DDRKB）和领域数据归约实验数据库（DDREX-DB），如图 2-7 所示。

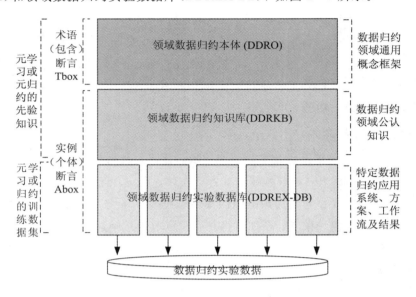

图 2-7　领域数据归约本体组成层次图

（1）DDRO 属于数据归约本体知识库中 TBox 层，它建立了数据归约领域中的方案（Planning）、过程（Process）、工作流（Workflow）、任务（Task）、数据（Data）、模型（Model）、算法（Algorithm）、操作（Operators）和实验（Experiment）等基本概念的框架结构。这些概念的层次结构关系，以及描述这些概念间的属性、关系和约束等，共同构成了 TBox，构建了 TBox 中部分概念的实例（Individuals），以及一些表达实例的属性，或者实例之间关系的陈述。可以看出 DDRO 为 DDRKB 和 DDREX-DB 提供了概念模式，为元学习和元训练构造了一个较高层次的特征空间。

（2）DDRKB 属于数据归约本体知识库中的 ABox 层，包含更多的实例断言，对归约算法、算法假设、优化策略以及倾向性进行了详细描述。理论上讲，DDRKB 获取了数据归约领域相关专业知识，是一个数据归约前沿技术研究及成熟应用成果的缩影（或称大纲）。基于DDRO，通过分析抽取各类数据归约方法、过程、任务及其算法模型和业界成熟产品的特征，扩展其中的一些算法实例及具体实现，即可构建主要的数据归约任务和范式（Paradigms），形成DDRKB，对大多数数据归约研究成果进行规范描述。例如，DDRKB 中包含了维度归约中与特征选择相关的嵌入式（EmbeddedFSAlgorithm）、基于信息熵（Entropy-basedFSAlgorithm）、过滤式（FilterFSAlgorithm）、封装式（WraapperFSAlgorithm）、基于假设检验（HypothesisTest-basedFSAlgorithm）、多变量选择（MultivariateFSAlgorithm）、单变量选择（UnivariateFSAlgorithm）等类型不同算法族，每个算法族均包括一系列具体的算法，并且建立了每个算法族及算法的逻辑表达，等等。例如，表示"过滤式特征选择算法是用于解决维度归约、参数类型为算法参数、以过滤器方式与学习器进行交互、仅能处理一个分类或连续特征、仅有离散空间的优化策略等方面的数据归约算法"的逻辑断言如下：

$$FilterFSAlgorithm \sqsubseteq (DRAlgorithm \bigcap (\forall addresses. DimensionReduction)) \bigcap ($$
$$\forall hasParameter. AlgorithmParamter) \bigcap (\exists interactsWithLearnerAs(Filter)) \bigcap ($$
$$\leqslant 1 has\_quality. HandlingofContinuesFeatures) \bigcap ($$
$$\geqslant 1 has\_quality. HandlingofContinuesFeatures) \bigcap ($$
$$\leqslant 1 has\_quality. HandlingofCategoricalFeatures) \bigcap ($$
$$\geqslant 1 has\_quality. HandlingofCategoricalFeatures) \bigcap ($$
$$\leqslant 1 has OptimizationStrategy. DiscreteOptimizationStatey) \bigcap ($$
$$\geqslant 1 hasOptimizationStrategy. DiscreteOptimizationStatey) \bigcap$$
$$otherAsserts$$

同时建立每类算法相应的操作（Operators）的实例，将算法实例与数据分析挖掘软件（如 Weka，RapidMiner）实现接口建立链接。总之，DDRKB 为数据归约全过程提供了知识支撑，同时也为数据归约实验提供了必要的背景知识。

（3）DDREX-DB 严格上来说并不算归约本体的一部分，而是一个数据归约实验和业务执行结果数据库。将其纳入数据归约本体体系的主要原因是其构建的基础是 DDRO 中定义的概念和属性，以及 DDRKB 中包含的算法和操作等。相比 DDRKB 而言，DDREX-DB 是已经存在并且不断积累的数据归约知识蓝图，是基于测试数据集的数据归约实验，以及基于真实业务数据集的实际数据归约处理的过程和结果数据，主要通过抽取相关数据集、归约方案、归约工作流、归约任务、算法模型及归约效果等方面的特征，形成数据归约过程元数据。基于 DDREX-DB 进行数据归约实验或业务处理必须调用上层（DDRO 和 DDRKB）已经定义好的算法实例，通过建立的数据归约工作流（Workflow）进行数据归约处理，得到归约后的数据（Data）、数据归约模型（Model）和实验或业务处理报告（Report）。因此，任何的数据归约实验库都能够通过 DDRO 和 DDRKB 中定义的模式来创建。

2.3　数据归约业务领域本体

数据归约业务领域本体是该领域的知识表示方式、概念化模型的形式化和显式的说明规范，包含：领域中概念存在、定义、分类体系和概念的规范性描述、概念间的关系说明。其主要作用是在该领域数据归约模型中提供领域知识，添加该领域的一些先验知识，使得数据取得更好的归约效果。

数据归约业务领域本体是该领域各类事物、现象的规范化描述和有效表示，能够为人与人、组织与组织之间交流提供共同的词汇。它定义了业务领域的概念和概念间的关系，描述了业务领域的基本原理、主要实体和活动关系，提供了领域内部知识共享和数据重用的公共理解基础，为不同类型的业务领域应用系统提供了一个统一的规范化的上层表示机制。基于业务领域本体，各类应用系统能够确立以数据为中心的视角，并将业务逻辑、信息含义从程序设计代码中移植出来，直接嵌入数据中，实现数据的语义化。同时，应用程序可与数据解耦，自动适应信息的结构和内容在运行时的动态变化，也可有效促进跨应用的数据集成、获取和共享，提高信息资源的开发利用水平。

2.3.1　业务领域本体的定义

数据归约对于业务领域本体的依赖主要体现以下几个方面：一是利用各类概念的泛化关系，为数据归约中涉及的概念分层、数据离散化、立方体聚集等相关算法提供领域知识支撑；二是利用概念属性的约束规则，为数据归约中涉及的维归约、各类算法优化策略（如冰山立方体计算中的条件剪枝）等提供知识支撑；三是结合领域元数据，为数据归约中的数据集特征统计计算、数据存储模式、数据表示模型和数据访问等提供支撑。针对数据归约的特点，军事训练演习领域本体重点关注核心概念及层次关系、具有约束性质的特殊关系、实体属性约束等与数据归约密切相关的内容。

定义 2 – 2　业务领域本体模型是一个六元组：

$$O_{drdo} = <C_{drdo},\ R_{drdo},\ F_{drdo},\ I_{drdo},\ RS_{drdo},\ A_{drdo}>$$

其中 C_{drdo} 表示概念集合，$C_{drdo} = \{c \mid c \in C_{drdo\_e} \bigcup C_{drdo\_p} \bigcup C_{drdo\_q} \bigcup C_{drdo\_a}\}$，主要概念包括 C_{drdo_e} 持久实体、C_{drdo_p} 持续实体、C_{drdo_q} 实体特性、C_{drdo_a} 抽象实体。

R_{drdo} 是各类概念的关系集合，$R_{drdo} \subseteq 2^{C^N}$。其中，$2^{C^N}$ 表示（$C_{drdo\_e} \times C_{drdo\_p} \times C_{drdo\_q} \times C_{drdo\_a}$）的 N 维笛卡尔乘积的幂集。幂集是指某集合所有子集构成的集合。R_{drdo} 则表示持久实体、持续实体、实体特性和抽象实体之间的关系集合。

F_{drdo} 表示本体模型中的特殊约束关系，对于 $\forall f = F_{drdo}, f = C_1 \times \cdots \times C_{n-1} \rightarrow C_n, C_n$ 可由 $C_1, \cdots, C_{n-1}$ 唯一确定。例如，hasDataResourceSet（某编制，DS001_ID），可唯一确定 DS001_ID 是某编制的数据集。

I_{drdo} 表示 C_{drdo} 的实例，例如，×××演习、×××地域等，主要包括部分非物理持久实体概念（Non_Physical_Endurant）的实例。

RS_{drdo} 专门表示实体的类型属性（owl:DatatypeProperty）值的约束，采用 OWL 的属性约束表达。概念之间值约束（Value Constraint）、基数约束（Cardinality Constraint）基数等则由概念定义及关系 R_{drdo} 确定。

A_{drdo} 表示与本体模型中无须推理证明的永真断言，用于进一步严格描述概念及关系，减少推理的复杂程度。

另外关系集合 R_{drdo} 常用的基本公理定义如下[28]：

（1）传递性：对于任意具有关系 R 的 x, y 和 z，如果 $R(x, y) \forall R(y, z) \rightarrow R(x, z)$，则称关系 R 具有传递性（Transitive）；

（2）对称性：对于任意具有关系 R 的 x 和 y，如果 $R(x, y) \forall R(y, x)$，则称关系 R 具有对称性（Symmetric）；

（3）函数性：对于任意具有关系 R 的 x, y 和 z，如果 $R(x, y) \forall R(x, z) \rightarrow y = z$，则称关系 R 具有函数性（Functional）；

（4）反函数性：对于任意具有关系 R 的 x, y 和 z，如果 $R(y, x) \forall R(z, x) \rightarrow y = z$，则称关系 R 具有反函数性（Inverse Functional）；

（5）逆关系：对于任意具有关系 R_1 或 R_2 的 x，y 和 z，如果 $R_1(x,y) \rightarrow R_2(x,y)$，则称关系 R_1 是 R_2 的逆关系（ReverseOf）。

2.3.2 业务领域本体模型

1. 持久实体的本体模型

在业务领域本体中，持久类实体概念 C_{drdo_e} 依照顶层本体框架 UODDR，将实体分为物理持久实体和非物理持久实体，$C_{drdo\_e} \equiv C_{drdo\_e\_phy} \bigcup C_{drdo\_e\_nonphy}$，在此基础上，分析得出相应的下位概念，形成如图 2-8 所示的业务领域持久实体的核心概念框架。为了便于本体模型的管理，在顶层本体与业务领域本体层级间引入一个等价概念（类）DRDO_Particular。例如对于业务领域非物理持久实体，定义的 DRDO_Particular 如下（后面章节的 DRDO_Particular 相关定义与此类似）：

$$C_{drdo\_e\_nonphy} \equiv DRDO\_ParticularNon$$
$$\equiv Physical\_Endurant \bigcap (ExerciseConceptPlan \bigcup ExerciseDocument \bigcup$$
$$Scenario \bigcup VirtualActivityEntities \bigcup OtherConcept)$$

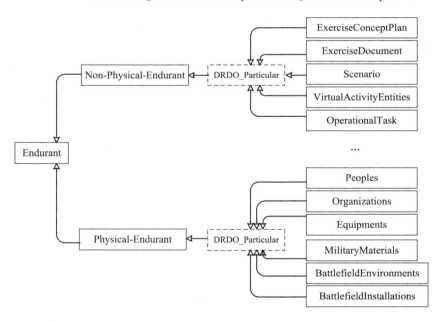

图 2-8 业务领域持久实体的核心概念框架

1）物理持久实体

以某业务领域为例，组织、人员、物资、装备和设施基本上涵盖了该领域的所有物理持久实体。除此之外，地理、气象等环境特征信息是通用的。在数据归约上下文中，物理持久实体的概念层次关系对于数据离散化、概念分层等有着重要作用。因此，此类实体需要进一步分层次描述，按照线性分类法及相似性原理和等级原理，$C_{drdo\_e\_phy}$ 的下位概念的基本描述如下。

（1）组织（Organizations）指参与相关业务活动的各类组织机构，包括施训者和受训者两类组成。

（2）人员（Peoples）指参与业务活动的各类人员，主要包括受训人员和各类角色。

（3）装备（Equipments）指业务活动中使用到的各类装备。

（4）设施（BattlefieldInstallations）指与业务活动密切相关的人工构建场所。

（5）物资（MilitaryMaterials）指保障业务活动顺利展开的各类消耗品。

（6）环境（BattlefieldEnvironments）指业务活动所涉及的空间环境的相关数据。

对于上述六大类概念，需要进行详细的细化，扩充里面包含的语义。常用的方法有三种：① 先定义领域中综合的、概括性的类，然后对这些类进行细化，即按自顶向下的方向来进行；② 先定义具体的类，然后把这些具体类泛化成综合性的类，即按自底向上的方向来进行；③ 把上述方法相结合，即按自顶向下和自底向上两个方向同时进行。

2）非物理持久实体

业务领域相关的非物理持久实体主要包括活动方案、文书、虚拟活动实体，以及图、文、声、像等客观存在的、任意时间点都有确切定义但没有物理空间特征的实体。在数据归约上下文中，非物理持久实体的数据资源通常围绕活动方案为核心展开描述和组织。

3）持久实体的相关关系

业务领域持久类实体的相关关系 R_{drdo_e} 表示所有直接与持久实体 C_{drdo_e} 有关联的关系集合。关系 R_{drdo_e} 非常复杂，与不同类型实体有着不同的关系：

$$R_{drdo\_e} = \{R_{drdo\_ee}, R_{drdo\_ep}, R_{drdo\_eq}, R_{drdo\_ea}, \cdots, R_{drdo\_epqa}\}$$

其中，$R_{drdo\_ee} \subseteq (C_{drdo\_e} \times C_{drdo\_e})$，$R_{drdo\_ep} \subseteq (C_{drdo\_e} \times C_{drdo\_p})$，等等。

例如，持久实体之间的关系包括静态和动态两大类：

$$R_{drdo\_ee} = \{R_{drdo\_ee\_static}, R_{drdo\_ee\_dynamic}\}$$

持久实体概念之间的静态结构关系如下：

$$R_{drdo\_ee\_static} = \{generalizationOf, compositionOf, aggregationOf, dependentOn\}$$

即泛化、组合、聚合和依赖。

上述的静态关系具有如下的特点：

（1）存在逆关系，即

$$R_{drdo\_ee\_static}^{-} = Inv(R_{drdo\_ee\_static})$$
$$= \{specializationOf, isComponentOf, isElementOf, beDepended\}$$

需要说明的是，逆关系是对称的，也就是说，关系 r^{-} 的逆还是 r，为了避免出现类似 r^{--}、r^{---} 表达形式，定义函数 Inv，该函数返回的是关系的逆。

（2）具有传递性，即

$$R_{drdo\_ee\_static}(x, y) \wedge R_{drdo\_ee\_static}(y, z) \rightarrow R_{drdo\_ee\_static}(x, z)$$

由于概念对应的集合包含关系是传递的，因此关系之间的包含也会传递到它们的逆中，一个给定的关系层级隐含着包含关系，为此，给出以下定义：

定义 2 - 3 $\subseteq_R := R\{\text{Inv}(r) \subseteq \text{Inv}(s) \mid r \subseteq s \in R\}$。

采用等价关系表示形式 $r \equiv_R s$ 作为 $r \equiv_R s$ 和 $s \equiv_R r$ 的缩写。显然，当且仅当一个二元关系的逆是传递时，该关系也是传递的，因此，如果 $r \equiv_R s$ 且 r 或者 $\text{Inv}(r)$ 是传递的，那么，任何一个模型都会将 s 解释为传递关系，为说明上述这种隐含的传递关系，给出以下定义：

定义 2 - 4 $\quad \text{Trans}(s, R) = \begin{cases} \text{true, 存在关系 } r, r \equiv_R s, r \in R_+ \text{ 或者 } \text{Inv}(r) \\ \text{false, 其他情况} \end{cases}$

$$\text{Trans}(s, R) = \begin{cases} \text{true, 存在关系 } r, r \equiv_R s, r \in R_+ \text{ 或者 } \text{Inv}(r) \\ \text{false, 其他情况} \end{cases}$$

例如 $\text{Trans}(\text{specializationOf}, R_{\text{drdo\_ee\_static}}) = \text{true}$。

（3）至少有一个根，即

$$C_{\text{drdo\_ee}}: \exists x C_{\text{drdo\_ee}}(x) \land \forall y C_{\text{drdo\_ee}}(y) \rightarrow \neg R_{\text{drdo\_ee\_static}}(x, y)$$

参考胡晓峰等在文献[29]中提出的战争实体关联关系，依据数据归约需要，提出 10 类动态关系，即

$R_{\text{drdo\_ee\_dynamic}} = \{\text{hasAllocation, commandBy, controlledBy, describeAs, illustrateWith, hasJudgment, hasAdjacency, messageFor, supportBy, supplyBy}\}$

① 编配关系（hasAllocation）。编配关系表示组织、装备、人员和物资等概念实体间的关系。

② 指挥关系（commandBy）。指挥关系表示在组织和人员概念实体间的上下级关系。

③ 控制关系（controlledBy）。控制关系表示一个实体通过交互决定另外一个实体行为的关系。

④ 阐述关系（describeAs）。阐述关系表示物理与非物理持久实体之间的数据支撑关系。

⑤ 演示关系（illustrateWith）。演示关系表示图、文、声、像等实体与组织、人员等实体之间的行为记录关系。

⑥ 评判关系（hasJudgement）。评判关系表示相关机构对业务活动绩效的评价关系，以及上级部门对下级部门组织能力的评估关系。

⑦ 邻接关系（hasAdjacency）。邻接关系表示实体间存在协作或对抗时的空间关系，需要通过相关实体的空间特性确定。

⑧ 通信关系（messageFor）。通信关系表示实体间进行信息交换的关系。

⑨ 支持关系（supportBy）。支持关系表示一个实体在其他实体的辅助下达成目标的关系。

⑩ 供应关系（supplyBy）。供应关系表示实体间对于物资的获取、分发和维持关系。

动态关系通常也具有逆关系。另外，实体之间的邻接关系（hasAdjacency）是一种对称关系；各类持久实体与抽象类型实体中数据资源集合（DataResourceSet）的映射关系（hasDataResourceSet）是一种函数关系，其逆关系则是反函数关系。

在数据归约中，我们主要关注静态关系所蕴含的概念层次，以及通过实体关系推理得到数据集等，对于占领、拥有、对抗等关系不作考虑。

2. 持续实体的本体模型

持续实体指的是在特定时段或过程才有定义的事物，通常包括过程、状态和事件三大类，即

$$C_{drdo\_p} \equiv C_{drdo\_p\_process} \bigcup C_{drdo\_p\_stative} \bigcup C_{drdo\_p\_event}$$

业务领域持续实体的核心概念层次如图 2-9 所示。

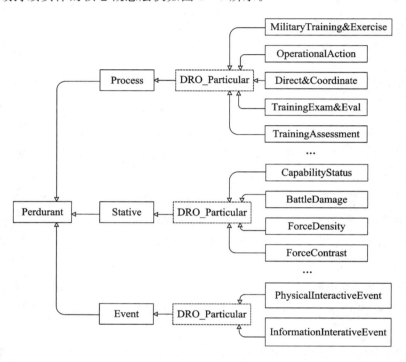

图 2-9　业务领域持续实体的核心概念层次

过程指的是在特定时间片段和空间区域客观存在的事物：

$$C_{drdo\_p\_process} \subseteq (\forall \text{ hasTemporalQuality}. C_{drdo}) \bigcap (\forall \text{ hasSpatialQuality}. C_{drdo})$$

状态表示各类实体在特定时刻或时间片段的状态：

$$C_{drdo\_p\_stative} \subseteq (\exists \text{ hasTemporalSlice}. C_{drdo} \bigcup (\exists \text{ hasTimeInstant}. C_{drdo}) \bigcap (\forall \text{ hasStative}, C_{drdo})$$

事件表示特定时空中发生的，具有一定意义或影响的情况及事实。由于实体交互明确定义了实体间的事件、状态和接口，因此本章通过分析实体交互来确定事件。依据交互对实体影响的性质，相应的事件分为两类：第一类是物理交互事件（PhysicalInteractiveEvent），表示出现在能量交互和物质交互中的事件，如炮击事件、物资补充事件等；第二类是信息交互事件（InformationInteractiveEvent），表示实体间进行信息交互时发生的事件，如下达命令事件、战况上报事件等。

持续实体的关系依据实体分类也可分为三大类：

$$R_{drdo\_p} = \{R_{drdo\_pp}, R_{drdo\_ps}, R_{drdo\_pe}\}$$

R_{drdo_pp} 定义了过程实体与其他类型实体之间的关系集合。例如，作战行动与其他实体

之间的关系如图 2-10 所示。

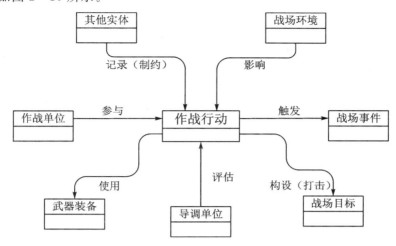

图 2-10　作战行动实体相关关系

R_{drdo_ps} 定义了其他类型实体与其状态实体之间的关系集合，通常包括战术计算关系，数据汇总聚集关系等。例如能力状态所包括的情报侦察、指挥控制、火力打击、突击抗击、立体机动、信息攻防、全维防护、综合保障、"三战"等能力，均需与其他实体建立数据汇总或计算关系。图 2-11 反映了特定部队在特定条件下火力打击能力状态的相关关系。

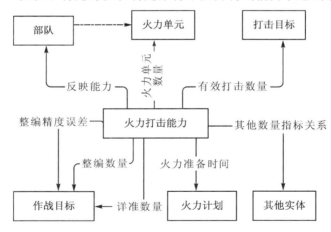

图 2-11　火力打击能力与其他实体关系

R_{drdo_po} 定义了战场事件对应的交互实体之间的关系集合，依据交互关系类型，R_{drdo_po} 主要包括指派（Assignment）、攻击（Attack）、碰撞（Collision）、授权（Delegation）、着陆（Land）、发射（Launch）、再补给（Resupply）、移交（Transfer）和传送（Transmission）等关系。例如，物资对象中的弹药在环境中会与装备、设施、物资、组织和人员构成攻击关系。

3. 实体特性的本体模型

实体特性指的是军事训练持久实体或持续实体的基本特征和时空特性。通常包括时间特性、空间特性和抽象特性三大类，即

$$C_{\text{drdo\_q}} \equiv C_{\text{drdo\_q\_temporal}} \bigcup C_{\text{drdo\_q\_spatial}} \bigcup C_{\text{drdo\_q\_abstract}}$$

其关系集合为

$$R_{\text{drdo\_q}} = \{ R_{\text{drdo\_q\_temporal}}, R_{\text{drdo\_q\_spatial}}, R_{\text{drdo\_q\_abstract}} \}$$

军事训练演习业务领域实体特性的核心概念层次如图 2-12 所示。

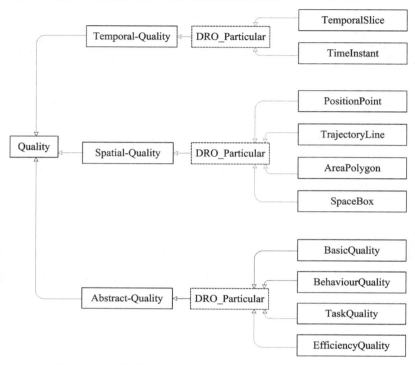

图 2-12 军事训练演习业务领域实体特征的核心概念层次

1) 时间特性的主要概念及关系

军事训练演习领域的持久实体通过与持续实体建立关系，表达该实体的时态特征，而持续实体的时态特征通常通过持续实体与时间特性（Temporal-Quality）建立关系。时间特性的相关概念主要基于开放地理信息联盟（Open Geospatial Consortium，OGC）提出的地理标记语言（GML）中的时态模式进行构建，GML3.0 定义了 gml：TimeInstant 和 gml：TimePeriod 两个元素来表达时间维度的两个基元，因此，引入时间特性概念：

$$C_{\text{drdo\_q\_temporal}} = \{ \text{TimeInstant}, \text{TemporalSlice} \}$$

其中，TimeInstant 采用 UTC 表示时刻，TemporalSlice 则由初始时刻和终止时刻表示一个时间片段或范围。

实体之间的时序通过不同的时间关系确定。其关系集合 $R_{\text{drdo\_q\_temporal}}$ 又分为时刻的关系和时间片段的关系两大类。时刻（TimeInstant）的关系比较简单，包括相等（Equal）、先于（Before）、后于（After）三类关系。时间片段（TemporalSlice）的关系则比较复杂，依据 J. F. Allen 在 1983 年提出的通过区间代数在时间片段之间建立的 13 种关系，其时态关系如图 2-13所示。其中 7 种基本关系是：Meets、Overlaps、Before、Finishes、Starts、During、Qqual。其余 6 种关系是上述前 6 种关系的逆：MetBy＝Inv(Meets)，After＝Inv(Before)，

StartedBy＝ Inv（Starts），OverlappedBy ＝ Inv（Overlaps），During ＝ Inv（During），FinishedBy＝ Inv(Finishes)。Equal 是对称关系，即 Equal＝Inv(Equal)。

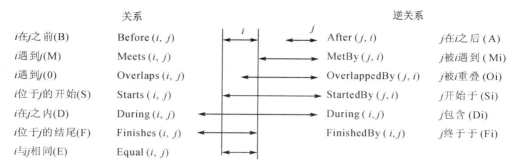

图 2 - 13　Allen 的时态关系示意图

2）空间特性的主要概念及关系

军事训练演习实体的空间特征主要通过地理信息系统（GIS）的空间信息来表达。OGC 推出的 GML 目前已经成为 GIS 数据共享和互操作的技术标准，GML 实现对地理空间对象及属性的规范化描述，其 3.0 版本提供的几何对象主要包括点、线、多边形、对象范围等简单几何图形，以及由简单图形组合而成的聚合图形。本章涉及的军事训练演习实体空间特性描述的概念集合 $C_{drdo\_q\_spatial}$ 包括位置点（PositionPoint）、轨迹线（TrajectoryLine）、区域多边形（AreaPolygon）以及空间范围（SpaceBox）四类空间对象。其中，位置点由一组坐标值确定，轨迹线由多个点组成，区域多边形由多条首尾相连的线组成，空间范围由两组坐标确定。

上述四类空间对象的关系比较复杂，其关系集合 $R_{drdo\_q\_spatial}$ 主要包括拓扑关系、方向关系和距离关系三大类。其中，空间对象的距离在实际计算时直接采用欧式距离进行度量，因此，本章不考虑距离关系的抽象描述。

对于拓扑关系，本文主要采用 D. A. Randell 在 1992 年提出的区域连接演算（Region Connection Calculus)模型中的 8 种关系，如图 2 - 14 所示。

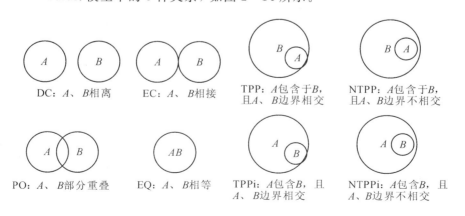

图 2 - 14　空间对象的 8 种关系

方向关系采用 Frank 在 1991 年提出的"基于圆锥"的划分方法，将空间对象的方向关系分为：北(N)、东北(NE)、东(E)、东南(SE)、南(S)、西南(SW)、西(W)和西北(NW)。

3) 抽象特性的主要概念及关系

军事训练演习领域的抽象特征主要表达各类实体的属性特征，其概念集合 $C_{drdo\_p\_abstract}$ 主要包括基本特征(BasicQuality)、行为特征(BehaviourQuality)、任务特征(TaskQuality) 和效能特征(EfficiencyQuality)四大类概念。其中，基本特征主要用于表达实体标识、功能、性能等属性特性；行为特征主要描述实体的行为规则；任务特征主要描述实体执行的任务内容及程度；效能特征主要依据任务目标描述实体能力。

以上四类特征均需与被描述实体建立相应关系，其关系集合 $R_{drdo\_p\_abstract}$ 主要包括基本特征描述关系(hasBasQuaDesc)、行为特征描述关系(hasBehQuaDesc)、任务特征描述关系(hasTaskQuaDesc)和效能特征描述关系(hasEffQuaDesc)。

由于抽象特征相关内容在军事训练演习领域元数据标准中已被明确定义，本章不再详细描述。

4. 抽象实体的本体模型

军事训练演习抽象实体指的是该领域中客观不存在的抽象事物，其对应的概念集合 C_{drdo_a} 包括事实(Fact)、范围(Region)和集合(Set)三大类，主要为该领域持久实体、持续实体及其特性的值域确定、分类组织、属性描述等提供约束或规则。抽象实体的核心概念层次如图 2-15 所示。

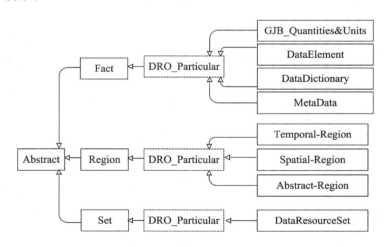

图 2-15　军事训练演习业务领域抽象实体的核心概念层次

事实类概念集合 $C_{drdo\_a\_fact}$ 主要涵盖：① 国家或军用标准中有关量和单位(GJB_Quantities&Units)的一系列标准定义，用于军事训练演习领域中相关数据表示的单位及计量单位的使用规则描述；② 数据元(DataElement)，也称为数据元素，是用一组属性描述其定义、标识、表示和允许值的数据单元，通常用于构建一个语义正确、独立且无歧义的特定概念语义的信息单元；③ 数据字典(DataDictionary)，主要包括作战力量、指挥控制、战场环境、战备工程、作战目标、政治工作、后勤保障、装备保障，以及部队作战训练相关法规、标准和战技指标的分类标准、字典项名称及其编码规范，用于对实体属性值的选择提供约束；④ 元数据（MetaData），是关于军事训练演习数据资源本身的数据，是对该领域数据资源的结构化描述，主要描述资源或数据本身的特征和属性，规定数字化信息的组织，具有描述、定位、发现、证明、评估，选择等功能。在本章的研究中，主要采用第一章所述的作战指挥训练元数据标准规范 MCTMS，使用其对数据资源进行描述、定位、发现和选择。

范围类概念集合 $C_{drdo\_a\_region}$ 主要包括时间、空间和抽象范围的相关概念。例如，作战时间第×天、导弹发射时间、火力准备时间、战斗飞行时间等时间范围；又如，边境禁区、争议区、火制区、火力歼击区、亚太范围、台海范围等空间范围，等等。

集合类概念集合 $C_{drdo\_a\_set}$ 主要用于定义具有集合性质的抽象事物，在本章中主要指的是数据资源集合（DataResourceSet），用于定义其他类型实体相关的数据资源。这是数据归约中非常重要的一个概念，通过与数据归约任务本体中的数据（Data）概念建立关系，使得各类实体对应的数据集能够从业务领域自动映射到任务领域，在这个意义上来讲，数据资源集合是一个"枢纽"概念。

抽象实体的关系集合 R_{drdo_a} 非常简单，与其他实体间通常建立使用（uses）和被使用（usedBy）关系。

2.4　数据归约任务本体

2.4.1　数据归约任务本体的定义

任务本体（Task Ontology）是指描述特定任务或行为中的概念及概念之间关系的本体。这里的"任务"不同于"问题"，二者有本质区别，通常将一个任务看作解决问题的系列步骤，因此任务本体中包括动词（Verbs，代表解决问题的行动）。任务本体是一个与领域无关、用来描述当前任务中解决问题结构的语法体系，通过分析现实世界问题的任务结构来获取。数据归约的任务本体刻画了数据归约涉及的工作流、任务、算法模型、数据集等相关概念及其关系。综上，下面给出数据归约任务本体模型的定义。

定义 2-5　数据归约任务本体（Dada Reduction Task Ontology，DRTO）模型是一个六元组，形式为

$$O_{drto} = \langle C_{drto}, R_{drto}, F_{drto}, I_{drto}, RS_{drto}, A_{drto} \rangle$$

其中，C_{drto} 表示概念集合，$C_{drto} = \{c \mid c \in C_{drto\_e} \bigcup C_{drto\_p} \bigcup C_{drto\_q} \bigcup C_{drto\_a}\}$，其概念包括数据归约过程中涉及的持久实体 C_{drto_e}、持续实体 C_{drto_p}、实体特性 C_{drto_q}、抽象实体 C_{drto_a}。

R_{drto} 是各类概念的关系集合，$R_{drto} \subseteq 2^{C^N}$。其中，$2^{C^N}$ 表示（$C_{drto\_e} \times C_{drto\_p} \times C_{drto\_q} \times C_{drto\_a}$）的 N 维笛卡尔乘积的幂集，则 R_{drto} 表示持久实体、持续实体、实体特性和抽象实体之间的关系集合。

F_{drto} 表示本体模型中的特殊约束关系，对于 $\forall f = F_{drto}$，$f = C_1 \times \cdots \times C_{n-1} \rightarrow C_n$，$C_n$ 可由 C_1，$\cdots$，C_{n-1} 唯一确定。

I_{drto} 表示 C_{drto} 的实例，这里主要包括部分非物理持久实体概念的实例。

RS_{drto} 表示实体的类型属性值的约束，采用 OWL 的属性约束表达。概念之间值约束（Value Constraint）、基数约束（Cardinality Constraint）分别对实体属性值域、实体属性取值个数进行限制，采用 OWL 的约束公理表达。

A_{drto} 表示本体模型中无须推理证明的永真断言，用于进一步严格描述概念及关系，减少推理的复杂程度。

2.4.2 数据归约任务本体模型

1. 数据归约任务本体的核心概念

任务本体中核心概念的关系如图 2-16 所示。为了描述数据归约概念层次结构，首先定义数据归约步骤，它主要包含两个端点：输入端主要接收一个特定的归约任务相关的数据，而

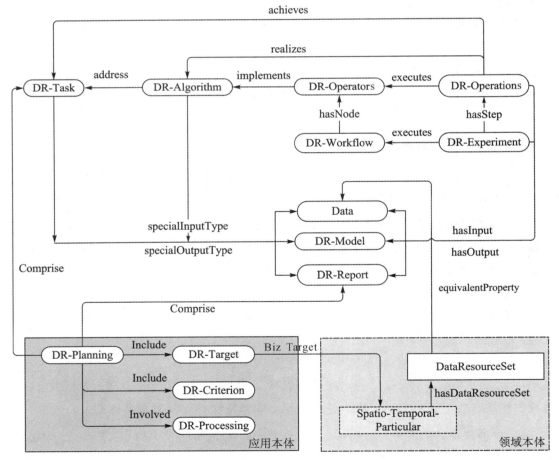

图 2-16　任务本体中核心概念的关系

输出端则是以模型的形式输出得到的知识。这些输出知识主要是学习模型的执行效果报告和其他的元数据。数据(Data)、数据归约模型(DR-Model)和数据归约报告(DR-Report)三个概念在数据归约本体中扮演着必不可少的角色，并被称为输入/输出对象。数据归约本体中的概念，如数据归约任务(DR-Task)、归约算法(DR-Algorithm)、操作符(DR-Operators)以及工作流(DR-Workflow)都直接或者间接地由上述三个概念组合构造而成。

如图 2-16 所示，在数据归约任务本体中，DRO 定义的任务(DR-Task)和算法(DR-Algorithm)是对数据归约流程中直接处理数据的步骤格式化的说明，但不会直接处理数据或者模型。其中，DR-Task 是对数据归约流程中任意步骤的说明，确切地讲，DR-Task 说明了一个步骤中需要的输入及其期望的输入；DR-Algorithm 是对一个过程(或步骤)的说明，而该过程用于处理给定的任务〈DR-Task〉；数据归约操作符(DR-Operators)是给定归约算法(DR-Algorithm)的实现程序。需要特别说明的是：数据归约任务和数据归约算法概念的实例都仅仅是说明了自身的输入和输出类型，不拥有实际的数据输入和输入，只有被称为数据归约操作或运算(DR-Operations)的概念才真正拥有实际的数据输入和输出。当一个步骤执行操作时，它就实现了这个操作代表的算法，以及完成了一个算法所代表的一项任务。

数据归约工作流(DR-Workflow)是一个由若干数据归约操作符(DR-Operators)组成的复杂结构，数据归约工作流可用一个有向无环图表示，图中节点代表操作符，边代表输入输出对象(IO-Objects)。数据归约实验(DR-Experiment)是由若干数据归约操作(DR-Operations)组成的复杂结构，并通过执行相应的工作流(DR-Workflow)完成数据归约实验。数据(Data)、模型(DR-Model)和报告(DR-Report)是数据归约实验、操作、任务及算法等相关的输入输出概念。

数据归约任务本体通过 DR-Task 与应用本体中的数据归约计划或方案(DR-Planning)建立联系，一个数据归约计划或方案由多个归约任务组成。数据归约任务本体通过数据(Data)与领域本体中的数据资源集(DataResourceSet)建立联系，二者是等价概念。应用本体中的归约目标(DR-Target)与领域本体中的时空相关实体(Spatio-Temporal-Particular)建立关联，二者是业务处理关系。基于以上跨领域核心概念之间的关系，可将领域、任务和应用本体构成一个有机整体，从而为跨领域的本体推理奠定基础。

如上所述，数据归约的任务本体刻画了数据归约涉及的工作流、数据、任务、算法模型等相关概念及其关系。其中，数据(Data)是数据归约中的核心输入输出概念，自然也是数据归约任务本体模型的"起点"。可见，数据与工作流、任务、算法模型等关系最为密切相关，有关数据的本体模型以及数据集存储与表示方式，本章将进行重点描述。

数据的本体模型见图 2-17，有关该本体模型中数据特征(Data Characteristics)的描述，可以从统计度量(Statistical Measures)、信息论度量(Information Measures)、几何数据复杂度度量(Geometric Data-Complexity Measures)等方面进行刻画。

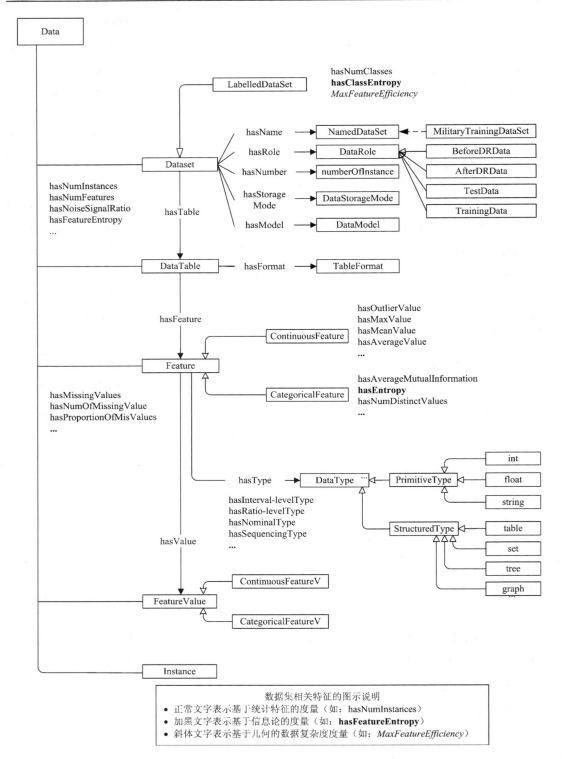

图 2-17 数据的本体模型

数据集存储模式与表示模型的相关概念框架如图 2-18 所示，具体描述如下。

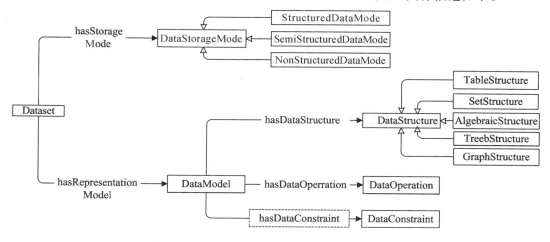

图 2-18　数据集存储模式与表示模型的概念框架

1）数据集存储模式

从数据集存储角度分析，数据集主要包括三大类型：结构化数据、半结构化数据、非结构化数据，具体描述如下。

结构化数据（Structured Data）是指能够用数字或统一的数据模型加以描述的数据，具有严格的长度和格式，如数字、符号等。它的格式规范、模式固定（如关系库中的表/元组），常用二维表来描述和存储，有固定的字段数，每个字段有固定的数据类型（数字、字符、日期等），并且每个字段的字节长度也相对固定。结构化数据直接利用关系数据库进行存储，能够充分发挥关系数据库在数据查询等方面的优越性。关系模型是目前最为流行的关系数据库模型，以二维表结构来表示实体与实体之间的联系。

半结构化数据（Semi-Structured Data）是指那些既不是完全无结构的，也不是传统数据库系统中那样有严格结构的数据，其特点是数据的结构不完整或不规则，表现为数据无固定模式、结构隐含多变、数据和模式统一存储、模式信息量大等。半结构化数据介于模式固定的结构化数据和完全无模式的无序数据之间，没有强制性的模式限制，具有很大的灵活性，能够满足网络这种复杂分布式环境的需要。半结构化数据通常采用 XML 格式组织并保存到 CLOB 字段中，XML 将数据保存在不同的节点中。

非结构化数据（Non-Structured Data）是指完全没有结构的数据，该类数据无法用数字或统一的结构表示，也无法直接知道它们的内容，如文本、图像、音频、视频、超媒体等特征内容丰富的数据。非结构化数据常以文件的方式存储在文件系统中，同时将指向文件的链接或路径存储在数据表中，这部分数据读写的速度较快，但需要额外考虑事务处理的一致性和数据的安全性；还可将非结构化数据存储在传统的数据库表的对象字段中，这种方式充分利用了数据库的事务、管理和安全特性，但在数据查询和读写方面性能不高。

2）数据集表示模型

针对军事训练演习数据具有维数高、数据量大以及噪声干扰严重等特点，为减小直接在训练数据上进行数据挖掘的存储与计算代价，以及提高处理结果的准确性和可靠性，通常采用多种类型数据的模式表示(或叫特征提取)方法来刻画训练数据的主要形态,而忽略那些微小的细节,形成不同类型数据的表示模型。

数据模型(Data Model)是对客观事物及其联系的逻辑组织描述,为数据库系统提供信息表示和操作手段的形式框架,主要由数据结构、数据操作及数据约束三要素构成。从数据结构出发,主要将数据模型划分为关系模型、集合模型、代数模型、树结构模型以及图结构模型等五大类,具体描述如下。

(1) 关系模型。

关系模型是目前最为流行、最为常见的关系数据库模型,通常用于结构化数据的模型表示。关系模型的组成成分包括关系结构、关系操作以及关系的数据完整性。其中,二维表是常用结构,用来表示实体与实体之间的联系;常用的关系操作包括插入、删除、修改操作以及查询操作;关系的数据完整性,即关系模型必须满足的完整性约束条件,包括属性完整性、实体完整性、参照完整性以及用户自定义的完整性。

关系模型的优点表现在:① 概念单一,数据结构简单清晰;② 存取路径相对用户透明,具有较高数据独立性和保密性。但关系模型也存在一定的缺陷,例如由于存取路径对用户透明,查询效率往往低于非关系数据模型。

(2) 集合模型。

典型的集合模型是布尔模型,是早期搜索引擎中所使用的信息检索模型,其特点基于二值(0 和 1)标准来反映对于某个查询词返回为"真"的数据对象。例如,一个文档通常表示为特征词的集合,通过布尔表达式,可以表达用户希望文档中所具有的特征,如某些关键词出现与否。一个查询可以用多个特征词之间的逻辑组配关系形成布尔检索表达式。

布尔模型的突出优点在于简单易实现,通过将复杂的检索提问简化为概念间的逻辑关系。但由于布尔模型是基于简单的二值标准,理论上存在不可忽略的缺陷。例如,对于文档来说,只能用于计算文档间的相关性,而不能用于计算文本更深层的相似性。

(3) 代数模型。

在线性代数领域,向量、向量空间、矩阵是非常重要的概念,其中向量空间是定义在域上的,包括实数域和复数域,现已扩展到任意或无限维空间,现已成为文本信息领域的主要文本表示方式。代数模型通过对文本的预处理,将其映射为由一组规范化正交矢量构成的向量空间中的一个点,每个文本的特征词条对应文本向量的一维。这样文档就可看作一组独立的 N 维特征向量。代数模型中具有代表性的还包括潜在语义索引模型和神经网络模型。

向量空间模型的优势表现在:基于特征权重能表达相似概念,局部匹配策略有助于抽取较为相似的样本,大大提高了信息处理的性能。但向量空间模型存在一定的局限性,例如,该模型假设词组间相互独立,没有考虑特征词语之间的联系,在文本表示上不够精确等。

(4) 树结构模型。

树是一种非线性数据结构,树结构中的每一层上的数据元素只能和上一层的一个元素相关,但可能和下一层的多个元素相关,并按分支关系组成,有着明显的层次关系。因此,树结构模型又称层次模型。

树结构模型是非结构化数据的常用表示模型。DOM(文档对象模型)就是一种以树形结构表示非结构化数据(HTML 和 XML 文档)的标准文档对象模型,它定义了文档树的遍历及树节点检查和修改的方法及属性。树结构的操作包括：树的遍历与更新。其中，树的遍历有三种遍历方式：前序遍历、中序遍历和后序遍历。树的更新包括节点和边的插入、删除和更改。

（5）图结构模型。

图是一种比线性结构、树结构更为复杂的非线性结构。在图结构中，节点之间的关系可以是任意的，任意两点之间的都可能关联。这种基于图结构的描述形式，可以用于半结构化以及非结构化数据的建模，常采用标记有向图来表示。在用图模型表示非结构化数据（例如文档）时，图的顶点信息体现文档的特征词条，边表示两个特征词条是否在同一窗口单元（段落）共同出现，体现了特征词条的位置关联信息；特征词条的频度大小，体现了特征词条之间共现程度的大小。因此，图模型反映了文本的特征词条、特征词条的频度以及特征词条的位置关系三方面的信息，从外部反映了文本语义信息，在这方面，该模型明显优于代数模型，但该类模型表示与处理最为复杂，不易操作。

2. 持久实体本体模型

数据归约任务的持久类实体通常指非物理持久（Non‐physical‐endurant）实体，对应的概念集合 $C_{drto\_e} \equiv C_{drto\_e\_nonphy}$，对应的数据归约任务的持久实体核心概念的层次模型如图 2‐19 所示。

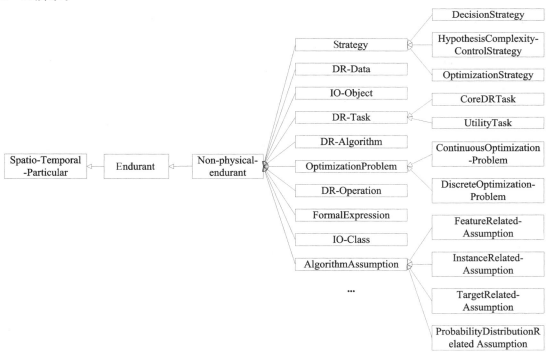

图 2‐19　数据归约任务的持久实体核心概念层次模型

为了便于本体模型的管理，定义一个等价概念（类）：

DRTO_Spatio_Temporal_Particular

后面章节的 DRTO_Particular 相关定义与此类似，其中：

DRTO_Spatio_Temporal_Particular≡

DRTO_Particular∩（DRTO_Endurant∪DRTO_Perdurant∪DRTO_quality）

在数据归约上下文中，非物理持久实体的数据资源通常围绕数据归约的任务（DR-Task）、数据（DR-Data）、策略（Strategy）、输入输出对象（IO-Object）、优化问题（OptimizationProblem）、算法（DR-Algorithm）及假设（AlgorithmAssumption）、操作（DR-Operation）、形式表达式（FormalExpression）等概念展开描述和组织。

数据归约任务（DR-Task）是数据归约过程中起关键作用的一个步骤，处于核心地位，它规定了数据归约的主要任务或目标，包括维归约、数值归约、元组归约（例如元组的特征构造、元组搜索优化任务）等，同实用任务（Utility Tasks）（例如读写数据集等）不同。

数据（DR-Data）是数据归约的核心，是上一小节中 Data 的等价概念。

策略指的是达成特定数据归约目标的实现计划，通常被表示为特定算法，在本章中，将策略与算法分别独立建模，主要是考虑本文所指的算法必须通过一系列的数据归约操作符来实现，而策略用来描述泛化的算法过程，并不需要具体的操作实现。数据归约的策略包括判决策略（Decision Strategy）、假设空间复杂度控制策略（Hypothesis Complexity Control Strategy）和优化策略（Optimization Strategy）。其中，判决策略主要用于在数据归约中某个关键点做出合理判定选择，主要包括投票（Voting）策略、前几项（TopK）规则策略、后几项（BottomK）规则策略、阈值规则（Value Threshold Rule）策略、参数或非参数测试（Parametric Test/NonParametric Test）策略，等等。空间复杂度控制策略主要用于算法或模块的子空间选择、算法执行终止条件确定等复杂度控制，主要包括贝叶斯策略（Bayesian Strategy）、早期终止策略（Early Stopping Strategy）、生成及选择策略（Generate And Select Strategy）、局部限定策略（Local Delimitation Stratety）、剪枝策略（Pruning Strategy），等等。优化策略用于解决算法模型等优化问题的策略，通过 Solve 对象属性与概念 OptimizationProblem 之间建立关联。优化策略在数据归约过程中扮演着关键的角色，除了模型需要优化外，数据归约任务中很多子任务都蕴含着优化问题。按照定义问题的变量类型，优化策略大概分为两类，即连续型优化和离散型优化策略，如图 2-20 所示。

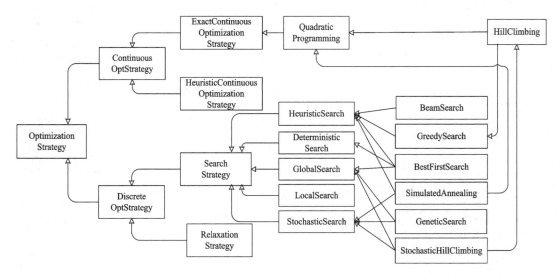

图 2-20　优化策略本体模型

与优化策略紧密相关的是优化问题（Optimization Problem）概念。数据归约的优化问题主要包括连续型优化问题（Continuous Optimization Problem）和离散型优化问题（Discrete Optimization Problem），分别对应上述的优化策略。连续型优化问题又包括凸优化问题和非凸优化问题。

数据归约算法（DR-Algorithm）由它表达的任务来定义，例如：

$$TupleReductionAlgorithm \equiv Algorithm \bigcap address. TupleReductionTask$$

其顶层结构体系表达了任务结构体系，但前者比后者表达得更为深入具体。对于一个任务结构体系中的子类，往往对应着一个密集的子算法结构体系，并从不同的角度来表达该任务，一些数据归约任务映射为归约算法的结构体系，具体描述见第 3～5 章。

数据归约算法假设（Algorithm Assumption）与算法选择密切相关，决定着算法选择空间。它主要包括特征相关假设（Feature Related Assumption）、实例相关假设（Instance Related Assumption）、概率分布相关假设（Probability Distribution Related Assumption）和目标相关假设（Target Related Assumption）。其中，特征相关假设包含特征方差齐次假设、特征独立假设、特征条件独立假设；实例相关假设包含独立同分布假设、线性可分假设等；概率分布相关假设又可分为条件概率、先验概率和后验概率三大类算法假设；目标相关假设分为分类型变量相关假设和连续型变量相关假设；目标相关假设通常用于模式分类问题，与数据归约相关性较小，在本章的本体模型中包含此类假设主要是考虑到知识完整性及后续数据分析挖掘等应用的需要。

形式化表达（Formal Expression）主要为各类算法提供数学和逻辑表达式相关的概念抽象。其概念层次模型如图 2-21 所示。

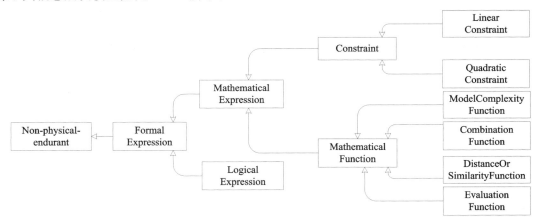

图 2-21　形式化表达的概念层次模型

3. 持续实体本体模型

数据归约任务的持续实体指的是在数据归约时段或过程才有定义的事物，通常包括状态（Stative）、事件（Event）和物理实现（Physical-realization）三大类，对应的概念集合为

$$C_{drto\_p} \equiv C_{drto\_p\_stative} \bigcup C_{drto\_p\_event} \bigcup C_{drto\_p\_physical\_realization}$$

数据归约任务持续实体的核心概念模型如图 2-22 所示。

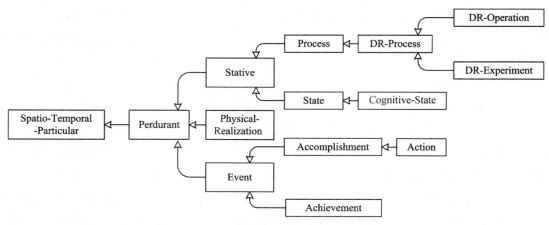

图 2-22　数据归约任务持续实体的核心概念模型

在数据归约任务的持续实体核心概念模型中，数据归约任务的状态涵盖归约任务流程和归约任务状态两大方面，其中归约任务流程（DR-Process）主要包括数据归约操作（DR-Operation）和数据归约实验（DR-Experiment）两大概念，分别用于抽象表达数据归约的操作过程和数据归约的实验流程；归约状态主要指数据归约任务执行过程的认知状态（Cognitive-State），用于抽象表达各类参数设置、模型选择等工作状态。数据归约任务的事件涵盖任务成功（Accomplishment）和任务达成（Achievement）两类事件，前者指的是由多个动作（Action）组成特定任务流程执行成功（或失败）时触发的事件，后者则指不必进一步细分的原子动作执行成功（或失败）时触发的事件。另外，数据归约任务的持续实体的物理实现（Physical-Realization）指完成各类归约任务的具体执行程序或外部系统。

4. 实体特征本体模型

数据归约任务的实体特性通常指数据归约持久实体或持续实体的抽象特征，包括基本特征（Characteristic）和参数特征（Parameter）两大类，对应的概念集合为

$$C_{drto\_q} \equiv C_{drto\_q\_characteristic} \bigcup C_{drto\_q\_parameter}$$

数据归约任务实体特征的核心概念层次如图 2-23 所示。

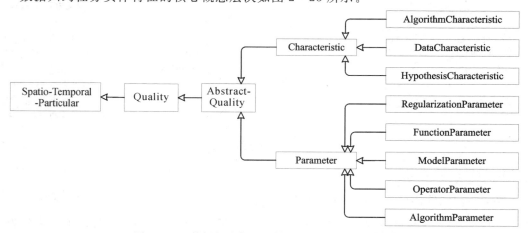

图 2-23　数据归约任务实体特征的核心概念模型

数据归约任务的基本特征涵盖算法特征（AlgorithmCharacteristic）、数据特征（DataCharacteristic）和假设特征（HypothesisCharacteristic）三大类，分别用于抽象表达数据归约任务相关算法、数据集及模型的主要特征。其中算法特征主要包括该算法相关的坐标系统、各类容许误差、适用性等特性；数据特征主要包括数据统计、数据随机性和信息量、几何数据复杂度等度量特征；假设特征主要包括各类模型相关的复杂性和执行性能的度量特性。

　　数据归约任务相关的参数特征主要涵盖各类数据正则化处理方法的参数、计算函数的参数、模型参数、操作符接口参数和算法参数五大类，用于对上述各类参数进行抽象表示。

5. 抽象实体本体模型

　　数据归约任务的抽象实体指的是完成数据归约任务中所涉及的抽象事物，为数据归约任务持久实体、持续实体及其特性的值域确定、分类组织、属性描述等提供约束或规则，包括数据格式（DataFormat）、数据类型（DataType）、范围（Region）和决策边界（DecisionBoundary）四大类，对应的概念集合为

$$C_{\text{drto\_a}} \equiv C_{\text{drto\_a\_dataformat}} \bigcup C_{\text{drto\_a\_datatype}} \bigcup C_{\text{drto\_a\_region}} \bigcup C_{\text{drto\_a\_decisionboundary}}$$

主要抽象实体的核心概念层次见图 2-24，其关系集合为

$$R_{\text{drto\_a}} = \{ R_{\text{drto\_a\_dataformat}} \bigcup R_{\text{drto\_a\_datatype}} \bigcup R_{\text{drto\_a\_region}} \bigcup R_{\text{drto\_a\_decisionboundary}} \}$$

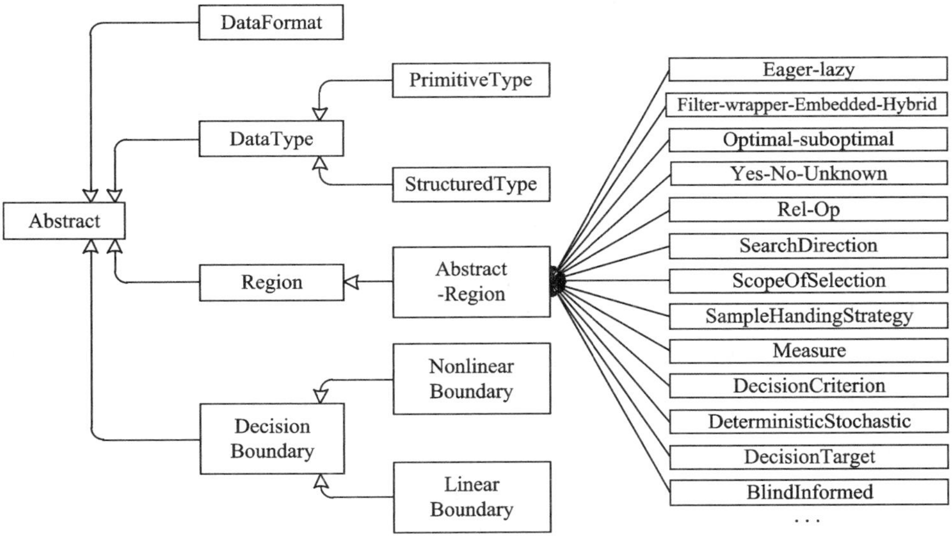

图 2-24　数据归约任务的抽象实体核心概念模型

　　在数据归约任务的抽象实体的核心概念模型中，抽象范围（Abstract-Region）主要用于抽象表达数据归约任务的流程、算法、模型等特征类型的值域及标准规范，其内容类似于数据集描述中的数据字典，其作用是为持久类型实体的本体建模提供约束，同时为应用系统开发的相关功能模块提供标准选项。例如，对于数据归约任务中采用的机器学习算法类型可用急切学习（Eager）或惰性学习（Lazy）来区分；属性选择方法可分为过滤（Filter）、封装（Wrapper）、嵌入（Embedded）和混合（Hybrid）四类；数据归约任务的相关度量（Measure）可区分为计算复杂性度量、模型空间假设评估度量、模型复杂性度量三类，其中

模型复杂性度量又区分为模型参数数目和参数权重两类,等等。

数据归约任务相关的算法的决策边界可区分为线性边界(Linear Boundary)和非线性边界(Nonlinear Boundary),其中,线性边界又可区分为任意线性边界和轴平行线性边界,非线性边界包括二次型边界,等等。

本 章 小 结

本章以军事训练演习领域数据归约为例,研究数据归约知识体系及本体模型。我们采用 OWL 作为领域归约本体的描述语言,便于本体模型的编辑和共享,采用描述逻辑语言构建领域数据归约知识库,便于本体的形式化表示和推理实现。通过分解梳理数据归约活动中不同领域参与者的问题域、背景知识、实现目标、偏好和技能等,以及数据归约各过程节点对业务、技术和应用领域知识的依赖关系,确定数据归约本体模型构建过程中的参与者之间协作关系;构建跨领域数据归约标准过程 CDSP-DR 的参考模型,为跨领域的数据归约全生命周期过程提供统一概念框架和通用描述方法;提出数据归约多视角方法,为获取不同参与者在数据归约过程中的推理逻辑和关键决策思路提供有效途径;在此基础上,从参与者视角、知识层次和顶层设计三个维度,通过对 CDSP-DR 进行概念抽取并形成一般视角准则,建立领域数据归约的多维知识体系架构及其本体模型,保证数据归约知识模型体系完整性和高层概念框架的稳定性;在上述知识体系框架中,领域本体为数据归约提供领域知识支撑,任务本体为数据归约的技术实现提供支撑,同时为后续章节中相关归约任务的核心概念分析提供基础框架。

参 考 文 献

[1] GRUBER T R. A translation approach to portable ontology specificatiom [R]. Knowledge System Laboratory,1993.

[2] GUARINO N. Semantic Matching: Format Ontological Distinctions for Information Organization, Extraction, and Integration[A]. In: MT Pazienza, ed. Information Extraction: A Multidisciplinary Approach to an Emerging Information on Technology[C], Berlin: Springer-Verlag, 1997: 139-170.

[3] 顾芳,曹存根. 知识工程中的本体研究现状与存在问题[J]. 计算机科学,2004, 31(10): 1-10.

[4] TOLLE C R,MCJUNKIN T R, GORISCH D J. Suboptinal Minimum Cluster Volume Cover-based Method for Measuring Fractal Dimension[J]. IEEE Trans. Pattern Anal Mach. Intell,2003,25(1): 32-41.

[5] HEBELER J,等. Web3.0 与 Semantic Web 编程[M].唐富年,唐荣年,译. 北京:清华大学出版社,2010.

[6] 林汝坤，刘芳，戴长华，等. OWL 本体建模中约束公理的应用[J]. 计算机工程，2006，32(16)：3.

[7] MINSKY M A. Framework for representing knowledge [J]. Psychology of Computer Vision，1975.

[8] FINKELSTEIN A，KRAMER J，GOEDICKE M. Viewpoint oriented software development. In Proceedings of International Workshop on Software Engineering and its Applications，Toulouse，France，1990.

[9] ABITEBOUL S，BONNER A. Objects and views. ACM SIGMOD Record，1991，20 (2)：238-247.

[10] KRIOUILE A. VBOOM：uneméthodeorientée objet d'analyse et de conception par points de vue. Unpublished doctoral dissertation，University Mohammed V，Rabat，Morocco，1995.

[11] MARCAILLOU E S. Intégration de la notion de points de vuedans la modélisation par objets：le langage VBOOL. Unpublished doctoral dissertation，University of Toulouse，France，1995.

[12] MILI H，DARGHAM J，MILI A. Views：A framework for feature-based development and distribution of OO applications [C]. Hawaii International Conference on System Sciences. IEEE，2000.

[13] NASSAR M. VUML：une extension UML orientée point de vue. Unpublished doctoral dissertation，ENSIAS，Rabat，Morocco，2004.

[14] BOBROW D G，&WINOGRAD T. An overview of KRL，a knowledge representation language. Cognitive Science，1977，1(1).

[15] BOBROW D G，STEFIK M J. LOOPS：data and object oriented Programming for Interlisp. European AI Conference，Orsay，France，1982.

[16] CARRÉ B，DEKKER L，GEIB J M. Multiple and evolutivereprésentation in the ROME language. In Proceedings of TOOLS'90，1990：101-109.

[17] DEKKER L，CARRÉ B. Multiple and dynamic representation of frames with points of view in FROME. In Proceedings of Représentation Par Objets. La Grande Motte，1992：97-111.

[18] MARINO O. Raisonnement classificatoire dans une représentation objets multi-points de vue. Unpublished doctoral dissertation，University of Grenoble，France，1993.

[19] TROUSSE B. Viewpoint management for cooperative design. In Proceedings of the the IEEE Computational Engineering in Systems Applications (CESA'98)，Nabeul-Hammamet，Tunisia，1998.

[20]　RIBIÈRE M，DIENG K R. A Viewpoint model for cooperative Building of an Ontology[C]. International Conference on Conceptual Structures：Integration & Interfaces. Springer-Verlag,2002.

[21]　ZEMMOURI E，BEHJA H，MARZAK A,et al. Ontology-Based Knowledge Model for Multi-view KDD Process. International Journal of Mobile Computing and Multimedia Communications (IJMCMC)，2012，4，(3)：21-33.

[22]　宋文，张剑，邵燕. 顶层本体研究. 图书馆理论与实践[J]，2006(1)：43-45.

[23]　贾君枝，刘艳玲. 顶层本体比较及评估. 信息系统[J]，2007(3)：398-400.

[24]　IEEE P1600. 1. standard upper ontology working group(SUOWG) [EB/OL]. 2006-07-29. HTTP://SUO. IEEE. ORG/

[25]　Cyeorp[EB/OL]. 2006-07-29. HTTP://WWW. CYE. COM/

[26]　Laboratory for applied ontology [EB/OL]. 2006-07-29. HTTP://WWW. LOA-CNR. IT/ DOLCE. HTML

[27]　GRENON P，SMITH，B. SNAP and SPAN：Towards Dynamic Spatial Ontology [J]. Spatial Cognition and Computation，2004，4(1)：69-104.

[28]　OWL Web Ontology Language Guide Recommendation. http://www. w3. org/TR/2004/REC-owl-guide-20040210

[29]　胡晓峰，司光亚，等. 战争模拟原理与系统[M]. 北京：国防大学出版社，2009.

[30]　ALLEN J F. Maintaining Knowledge about Temporal Intervals[J]. Communications of the ACM, 1983，26(11)：832-843.

[31]　RANDELL D A，CUI Z，COHN A G. A Spatial Logic Based on Regions and Connection [A] 3rd Int. Conf. on Knowledge Representation and Reasoning[C]. Morgan Kaufinann,1992：165-176.

[32]　ABITEBOUL S. Querying semi-structured data. Lecture Notes in Computer Science 1186，Database Theory—ICDT 1997. New York：Springer-Verlag,1997：1-18.

[33]　TONG S，KOLLER D. Support vector machine active learning with applications to text classification. Journal of Machine Learning Research,2001：45-66.

第 3 章　两阶段混合型特征选择的维归约方法

在大数据的汇集、集成和整合过程中形成的数据实体通常包含了许多冗余的特征,这些特征不仅增加了特征空间的维数,降低了分析处理的效率,也增加了噪声数据出现的可能。维归约(Dimension Reduction)作为数据归约的一种重要方法,能够有效解决上述问题。维归约通过去除实体中冗余属性或者保留最具代表性的特征来减少实体的特征数目,从而实现数据归约,通常包括特征抽取(或称特征变换)和特征选择两种方法。本章从分析总结维归约的基本概念入手,研究建立维归约核心概念框架,着眼归约前后的数据实体特征或属性物理意义的一致性,重点研究维归约中的特征选择方法,结合过滤式和封装式特征选择方法的优点,研究提出一种两阶段混合型特征选择方法,着力解决离散和连续特征的条件互信息难以计算、特征权重评估偏向多值特征等问题。

3.1　维归约概述

维(Dimension)用来从不同角度刻画研究对象的基本特征,数据库及其应用领域通常称为属性(Attribute)或字段(Field),机器学习领域通常称作特征(Feature),统计分析领域则称作变量(Variable)。可见,"维"是对研究对象基本特征的泛称,是数据分析处理的基本单元。为便于描述,本章采用"特征"作为基本表达术语,把研究对象的一组特征称作特征空间(或特征集合),特征的个数称作特征空间维数(或特征集合基数)。

如前所述,在跨领域的大数据资源中,同一类实体的数据通常具有不同的数据来源,使得同一实体对象通常存在冗余的特征定义,典型表现就是相同物理意义的特征有着不同的命名、量纲等。另外,许多复杂的信息模型设计也会导致采集出来的数据存在大量的派生(Derived)特征。在大数据分析预测中,通常需要对各类分析模型的参数进行估计、建模,这些参数与特征空间的维数是相关的,特征维数过高将导致参数估计的准确率下降,进而直接影响相关应用系统的性能和效率,这就是所谓的"维灾难"(Curse of Dimensionality)问题。维归约是有效解决上述问题的重要手段。

3.1.1　基本概念

维归约一般可通过两种方式对高维海量数据实施归约,即特征抽取(Feature Extraction)和特征选择(Feature Selection)。特征抽取又称为特征转换(Feature Transformation)或特征构造(Feature Construction),是通过映射或变换等方法将数据的高维特征空间转换为低维特征空间表示的过程,即低维空间中的特征通常是原始特征的线性(或非线性)组合。由此可以看出,特征抽取是在原始特征的基础上,通过组合方式构造出新的低维特征空间,使得这些特征能更简洁地表示研究对象的特征。典型的特征抽取方法有基于数据低维投影的主成分分析、投影寻踪、独立成分分析、因子分析、线性判定分析和奇异值分解等线性降维方法，以及基于神经网络或数据间相似度的非线性降维方法，如自组织映射网络、自动编码网络、多维尺度、Isomap、局部线性嵌入等。这些降维方法通常与具体的应用类型密切相关，如模式分类、多媒体索引优化等。降维一般作为特定应用的数据预处理环节，降维以后得到的特征通常会失去原有的物理意义。

与特征抽取改变原始特征空间不同的是，特征选择根据某种评估标准，从原始特征空间中选取一个最优或最有效的特征子集代替原始特征空间，达到归约数据集的目的。通过特征选择，不相关或冗余的特征将从原始空间删除，只保留相关性高的特征。由此可见，特征抽取或特征选择在处理特征方式的方面存在着一定的差别，体现在以下三个方面：

（1）特征抽取提到的二次特征是原始特征的组合形式，该特征具有数学意义，但缺乏物理意义；特征选择的结果是原始特征的子集，具有具体的物理含义，很好解释。这意味着特征选择能够选择具有实际意义的属性，这在某些情况下起着重要的作用。

（2）虽然特征抽取只考虑组合特征中所涉及的原始特征，但在大多数情况下，具体的应用系统（如模式分类系统）还需要对所有的原始特征进行测量，即特征抽取并没有减少计算工作量，只是转换数据的表示形式。对于特征选择而言，模型只需测量已选择的特征子集，无须考虑其他的原始特征，这说明特征选择不仅能提高模型的鲁棒性，还能有效地较少噪声数据的影响。

（3）特征抽取算法的计算复杂度相对而言都比较高，如 PCA 的时间复杂度是 $O(n^3)$。这对于海量数据而言是无法接受的，同时也限制了它的应用范围。特征选择计算速度相对快，效率高，适合处理海量数据。

对于跨领域大数据体系建设，通常首先构建贴源数据层，在此基础上再依次构建数据仓库层、应用数据层等。贴源数据层的核心作用主要有三个：一是隔离异构数据源与数据仓库，降低数据集成整合复杂性；二是转移原业务信息系统的部分细节查询功能，降低原业务信息系统的计算开销；三是支撑数据仓库的"钻透"等操作。贴源数据层通常对多源异构数据进行轻量化处理，确保数据结构和语义贴近原始数据，特征选择作为一种轻量化的数据归约处理策略，归约后的数据特征能尽量保持原有的物理意义。

依据数据特征选择过程对决策目标依赖与否，可将特征选择区分为监督式和非监督式两类。对于不依赖决策目标的非监督式特征选择方法，本节主要基于第 2.3.2 小节阐述的抽象特征关系，由领域专家事先确定各类实体特征的依赖关系及保留策略，并依据领域元数据标准，检测并去除冗余特征，例如，对于作战实体的速度、速率、机动速度等内涵相近但表征不同的特征，战损（数量）和战损（率）、堪用状态和损毁程度等内涵不同但表征相似的特征，以及物资余量和物资消耗等强相关特征，均可通过上述方法进行有效检测和去冗。对于依赖决策目标的监督式特征选择方法，一般无法通过人工的观测简单确定条件特征与决策特征之间的关系，因此本章的研究内容主要围绕监督式特征选择（以下简称特征选择）展开。

特征选择方法通过搜索特征子集（或称特征子空间），试图根据某些评价函数从 2^n 个候选子集中找出最好的一个。随着维度的增大，特征的数量也在不断增大，发现最优特征子集通常是难以实现的。许多与特征选择相关的问题都已被证明是 NP-Hard（Non-Deterministic Polynomial-Time Hard)问题。特征选择算法主要由四个基本步骤组成：子集产生（Subset Generation）、子集评估（Subset Evaluation）、停止准则（Stopping Criterion）和结果有效性验证（Result Validation），如图 3-1 所示。

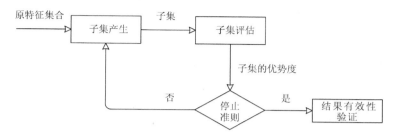

图 3-1　特征选择基本步骤

子集产生是一个搜索过程，主要生成用于评估的特征子集。设 N 表示原数据集特征的数量，那么全部候选子集的数量是 2^N，因此，对整个特征空间进行穷尽式搜索通常不可行。

子集产生过程所生成的每个子集都需要用事先确定的评估准则进行评估，确定"最好子集"，并且与先前得到的"最好子集"进行比较，如果当前子集"更好"，则替换前一个最优的子集。特征选择过程在满足以下的条件之一时停止：① 选择的特征数目达到预定义的阈值；② 迭代次数达到预定义的阈值；③ 增加（或删除）任何特征都不再产生更好的子集；④ 根据确定的评估标准获得最优的子集。选择的最优子集需要通过在所有子集和原特征集中进行不同的测试和比较，使用测试或验证数据集进行有效性验证。搜索是特征选择研究的关键问题，例如搜索起始点、搜索的方向和搜索策略。另一个重要的方向是如何评估特征子集的优势度。

如果考虑特征冗余时，特征子集选择的过程则由相关分析生成相关子集和经过冗余分析获得选择子集组成，具体流程见图 3-2。

图 3-2　特征子集选择改进框架

3.1.2　概念框架

维归约任务主要包括特征子集产生、空间变换、结果有效性验证和搜索优化等，研究内容主要涵盖了特征选择、特征抽取、归约效果评估等关键技术。

维归约的核心任务层次结构体系见图 3-2。

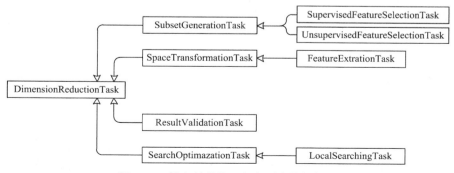

图 3-3　维归约的核心任务层次结构体系

从维归约任务出发，通过提取维归约的相关概念及概念间的关系，并借鉴 DMOP 概念框架构建机制，构建较为全面和规范的维归约核心概念框架，如图 3 - 4 所示，从而为维归约的相关知识表达与推理提供基础。

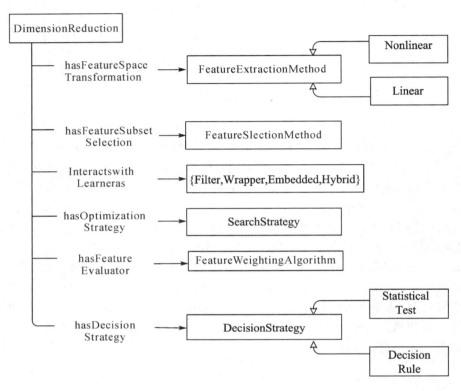

图 3 - 4　维归约的核心概念框架

3. 2　特征选择的优化策略与评价准则

3. 2. 1　特征选择优化策略

特征选择就是通过删除不相关的特征来减少数据量，通常使用特征子集选择方法，从特征空间中以一定的方式和策略形成用于评估的特征子集的过程，即特征空间搜索过程，其目标是找出最小特征集，使得数据类的概率分布尽可能地接近原始特征空间的分布。原则上讲，只有对特征空间进行穷尽式搜索（Exhaustive Search）才能获得最优特征子集。但是随着特征空间维数的增加，候选的特征子集数呈指数化增长，以穷尽式搜索从其中选取或搜索最优特征子集将是一个组合最优化的 NP-Hard 问题，因此，特征子集选择通常使用压缩搜索空间的启发式算法。启发式算法在搜索特征空间时，采取的策略是"选择当前看起来是最好的解"，这是一种典型的贪心算法，其结果往往得到是局部最优解。在实践中，贪心算法是有效的，多数情况下可以逼近全局最优解。特征选择优化策略的概念框架如图

3-5所示。

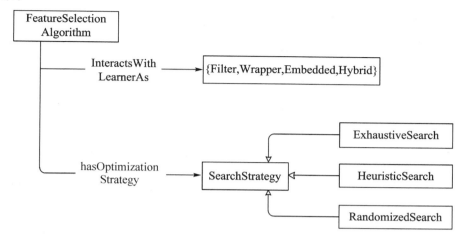

图 3-5　特征选择算法的优化策略概念框架

　　特征子集选择实质上是搜索可能的特征空间，识别一个最优或近似最优映射（这里所说的映射是一个和目标相关的特征子集的评价度量）的优化问题。这也就是说，各类特征子集选择方法均须按一定的搜索方式和策略对特征空间进行搜索，选择出合乎要求的特征变量子集。特征空间的搜索策略主要有三种方式：穷尽式搜索策略、启发式搜索（Heuristic Search）策略和随机化搜索（Randomized Search）策略。

　　穷尽式搜索策略要求按组合理论对所有满足要求的特征组合进行评价计算，这种计算代价非常大（时间和空间上的），对大型或超大型特征空间来说，往往是不可行的（因为现有计算能力下的时间、空间的限制）。因此，穷尽式搜索策略只在数据元组的量较小时使用，如 FOCUS、最小描述长度（MDL）标准的算法等。

　　启发式搜索策略则根据与目标有关的启发式信息对特征空间进行搜索，找出满足选择设定条件的最小特征子集。特征子集选择方法大多使用启发式搜索策略，如 Relief、PRESET 和 Chi2 等。

　　随机化搜索策略把算法执行过程或抽样过程随机概率化，因而也称为概率式搜索策略。如 Skalak(1994)为最近邻分类器设计的随机化 Hill-climbing 搜索算法和 Liu 等人设计的 LVF 和 LVW 算法。

　　一般来说，一种特征选择算法使用一种搜索策略，但不能排除几种搜索策略的混合使用。例如，为决策树和最近邻分类器选择特征子集的遗传算法（Genetic Algorithm）就是随机化搜索策略和启发式搜索策略的混合使用，该算法使用随机化基于总体的启发式搜索技术（Randomized Population-based Heuristic Search Techniques）的遗传算法，通过对特征变量赋权的方式选择实际任务所需的特征子集。

3.2.2　特征权重评价准则

　　特征权重评价也称为特征之间的度量，特征选择方法中最优子集总是与特征选择权重评价方法相关，即采用不同的权重评价方法得到的最优子集也是不同的。因此，在特征选择的执行过程中，评价特征的权重评价有着重要的作用。特征选择的权重评价算法的相关概念框架如图 3-6 所示。

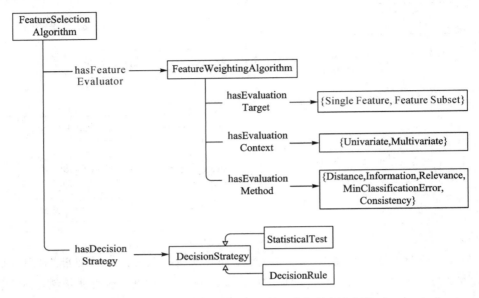

图 3-6 特征选择的权重评价算法的相关概念框架

依据特征权重评价目标特征，算法可分为单个特征(Single Feature)评价和特征子集(Feature Subset)评价；依据参与评价的度量指标数目，算法可分为单变量(Univariate)评价和多变量(Multivariate)评价，度量指标的类型确定了特征权重度量方法。特征权重度量方法及其所使用的度量指标类型如下：

(1) 距离度量：通过测量特征之间的距离反映特征之间的相关性。

(2) 信息度量：通过计算给定特征对决策目标的信息增益能力进行评估或对特征进行排序。对给定特征而言，其信息增益被定义为使用该特征进行决策前后，决策不确定性(或信息熵)减少的程度。这种类型的度量有信息增益、信息增益率、互信息和条件互信息。

(3) 相关性度量：特征之间相关依存程度的量化表示，通常可用来度量一个特征变量预测另一个特征变量的能力，也可用于特征冗余检测。基于相关性(或相关)的度量尽管也是一种信息或距离的度量形式，但是基于不同的视角，仍将其保留为一种单独的类别。

(4) 分类误差率度量：从条件概率角度评价属性或特征子集的优劣，通常与模式分类等类型的应用系统相融合，依据分类精度确定特征子集的优劣，能够与分类或预测等机器学习算法完美结合，同时存在以下缺点：① 受数据样本容量、类型等影响，分类误差率对"更好"特征子集的辨别不够敏感；② 采用此度量的评价方法需要穷尽地搜索整个特征空间，耗时且不实际；③ 往往牵涉多维分布和积分，存在计算和解析上的困难。

(5) 一致性度量：显著地不同于以上特征评估度量，这类度量依赖于训练数据集，以及决定最小特征子集的最小特征偏差。基于一致性度量的特征评价方法，就是在给定一致率(或不一致率)的约束条件的基础上，找出训练实例中满足该约束条件所需的最小特征子集。

从特征评价准则的一般适用性、计算复杂度和结果准确性三个角度来看，对上述特征权重评价方法的比较总结如表 3 - 1 所示。

表 3 - 1　特征权重评价方法的比较总结

评价准则	一般性	时间复杂度	精确度
距离度量	具有	低	—
信息度量	具有	低	—
相关性度量	具有	低	—
一致性度量	具有	中	—
分类误差率度量	不具有(与分类应用耦合)	高	非常高

3.3　两阶段混合型特征选择方法

依据特征选择算法与归纳学习算法的结合方式，特征选择方法可分为过滤法(Filter Method)和封装法(Wrapper Method)两种类型。

过滤法的特点是根据数据的内在特质评价和选择特征，其特征评价和选择过程独立于归纳学习算法，算法效率较高，因此更适合于高维数据的特征选择，但是算法精度相对较低。过滤法所采用的特征权重度量指标有距离度量、统计相关系数、卡方检验(χ^2-test)、信息熵、互信息、联合互信息亏损等。例如，Relief 及其变种 ReliefF 和 IRelief 等就是采用欧式距离来度量特征子集的重要性程度。文献[25]利用平方相关系数评价每个特征在区分不同类别时所起的重要程度，等等。

封装法将特征选择算法封装于归纳学习算法，作为学习算法的一个组成部分，直接使用分类性能作为特征重要性程度的评价标准。封装法基于以下考虑：既然选择的特征子集最终将用于构造分类模型，因此，在构造分类模型时，直接采用那些能够取得高分类精确度的特征即可，从而获得一个分类性能较高的分类模型。例如，文献[26]将支持向量机(SVM)的分类性能作为特征选择的评价标准，提出一种后向消除特征选择算法 SVM - RFE。文献[27]通过使用新的非线性核对 SVM 进行扩充，并最终获取特征的分类性能。文献[28]则是对两类的 SVM 进行扩充，使之能处理多类的情况。由于封装法在特征选择过程中必须使用学习算法对每一个搜索到的特征子集进行评估学习，其需要耗费大量的时间，且改变任务学习算法时需要重新进行特征选择。

过滤法和封装法都有着各自的优缺点：过滤法的效率相对来说比较高，获得的特征子集与采用的归纳学习算法没有关系，但最终精度不高，效果劣于封装法；封装法虽然能获得高精度的结果，但是算法本身效率比较低，具体实现与应用系统"紧耦合"，结果依赖于采用的分类算法，容易出现过拟合现象。

在实践应用中，基于信息论的评价准则能够很好地反映两个随机变量之间的相关性，因此常作为特征选择的评价准则。Fano 首先论述了条件特征与决策特征之间的互信息的取值范围，即 Fano 不等式。基于这一不等式，Battiti 提出了一种贪婪特征选择算法——

MIFS。该算法采用了单个条件特征与决策特征之间的互信息作为评价准则，但是由于在估计互信息存在较大的误差以及缺乏考虑所选互信息之间的冗余性，该算法的性能并不优秀。Kwak 和 CHoi 改进了 Battiti 的算法，假设特征数据都服从统一的分布函数，提出了MIFS-U 算法，通过参数 β 提高估计互信息时的准确率，因此，对于用户来说如何确定 β 成为另一个难题。文献[30]采用了条件互信息作为特征的评价准则，不仅考虑了特征与决策目标之间的相关性，同时考虑到了特征之间的相关性。但是，这种方法在处理离散变量时效果良好，对于连续变量，需要将其进行离散化后再进行相关性计算，不同的数据离散化区间划分会导致不同程度的原始数据信息丢失，对于同一连续变量，随着离散区间数量的减少，该变量与因变量之间的肯德尔系数绝对值越大，斯皮尔曼系数的绝对值越小，可见，数据离散化的方案会直接影响相关性计算结果，进而影响特征子集的选择；另一种解决方案是假设数据服从某种概率密度分布，并在此条件下进行计算处理，但是在实际问题中，假设的概率密度分布很少符合实际情况并且不能处理概率密度函数是多模的情况。文献[32]提出了一种基于互信息和 Parzen 窗的特征选择方法，以互信息为评价准则，利用 Parzen 窗估计出连续变量的概率密度函数，从而计算出不同连续变量之间的互信息。但是，这种方法仅考虑了单个特征与决策目标之间的关系，未考虑特征之间的相关性，因此会造成特征冗余。此外，基于信息论的相关性计算存在着偏向于取值较多的特征的缺点，例如 ID3、Gini 指标偏向于多值特征的，C4.5 倾向于不平衡的分裂（其中一个划分比其他划分小得多）。这是因为随着某一特征的取值不断增多，其信息量也随之不断增大，但是这种特征对于后期分类、数据挖掘等处理的贡献度较小。

综上所述，对于现有的基于信息论的特征选择方法在相关性计算上存在着以下不足：

（1）缺乏有效计算连续变量之间相关性的方法；

（2）难以综合评价特征与决策目标之间、特征与特征之间的相关性；

（3）存在偏向于取值较多的特征的现象。

针对上述不足，我们提出了一种两阶段混合型特征选择算法。综合过滤法和封装法的优点，将算法分为两个阶段：在阶段 1 中，首先将条件互信息作为特征选择的评价准则，加入离散度这一惩罚因子，克服了特征冗余与偏向取值较多的特征的缺点；并且对于数据集中的连续变量，通过基于 Parzen 窗的密度估计算法估计出其概率密度函数，从而可以方便准确地计算出条件互信息，初步实现对原始数据集的特征选择。该阶段属于过滤式特征选择方法，学习速度较快，但是具有相对低的精度，适合于高维数据的初步特征选择。在阶段 2 中，将阶段 1 的得到的初步特征子集作为输入，对其进行基于最小分类错误率的特征选择，进一步提高结果集的精度。该阶段属于非参数估计有监督学习的封装型特征选择方法，通过计算各特征的分类错误率从而判断出该特征对目标分类的贡献度，并选择对目标分类贡献度大的特征。该算法框架如图 3-7 所示。

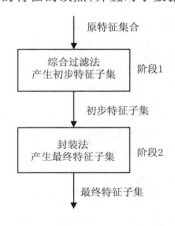

图 3-7　混合型特征选择算法框架

3.3.1　基于 Parzen 窗密度估计的条件互信息计算

1. 条件互信息

鉴于条件互信息具有能够在给定条件下很好地对一组特征之间的信息关联进行描述的性质，本章选用它作为构造度量特征集合和决策目标之间关联程度的评价准则的基础。条件互信息定义如下：

定义 3-1　令 Z 为给定离散随机变量，那么条件互信息（Conditional Mutual Information）表示在给定 Z 的条件下，两个离散随机变量 X 和 Y 之间的关联程度，定义为 $I(X;Y|Z)$。若条件互信息值为 0，则说明在给定 Z 时，X 和 Y 条件独立；反之若该值越大，则说明在给定 Z 时 X 和 Y 的关联程度越大。

由定义可知，给定特征集 S，决策特征 C 和条件特征 f_i 之间的条件互信息表示为 $I(C;f_i|S)$。若有 $I(C;f|S)>0$，则 f 是一个相关特征，且具有特征集 S 所不具有的关于决策特征 C 的信息；若 f 与 C 条件独立，即 $I(C;f|S)=0$，则特征 f 在给定 S 时不具有关于决策的任何有用信息，即 f 是一个不相关特征，或者是一个在给定特征集 S 时的冗余特征。$I(C;f_i|S)$ 可用以下公式表示：

$$I(C;f_i|S)=I(C;S,f_i)-I(C;S) \tag{3-1}$$

由式（3-1）可将条件互信息转换为互信息计算。式中 $I(C;S,f_i)$ 表示决策特征 C 与条件特征集 S 和当前待选择的条件特征 f_i 并集的互信息，$I(C;S)$ 表示决策特征 C 与条件特征集 S 的互信息。互信息的定义如下：

定义 3-2　对于两个离散随机变量 X 和 Y，它们之间在某种程度上是相互联系的，即存在着统计依赖关系，互信息是指在获得一个变量的知识时对另一个变量的不确定性减少的量，反映了两个随机变量之间的关联程度，定义为

$$I(X;Y) = \sum_{x \in X} \sum_{y \in Y} p(x,y) \text{lb} \frac{p(x,y)}{p(x)p(y)} \tag{3-2}$$

两个随机变量之间的互信息的值越大，则说明这两个变量联系越密切。根据互信息和熵的关系，条件特征集 S 与决策特征 C 之间的互信息可表示为

$$I(S;C)=H(C)-H(C|S) \tag{3-3}$$

公式（3-3）表明当已知条件特征集 S 时，对决策特征 C 不确定性减少的量。式中 $H(C)$ 表示决策特征的熵，$H(C|S)$ 表示给定条件特征集 S 时决策特征 C 的条件熵。熵和条件熵的定义分别如下：

定义 3-3　熵（Entropy）是衡量一个随机变量取值的不确定性程度。设 X 是一个离散随机变量，它为可能的取值 x 的概率为 $p(x)$，那么 X 的熵定义为

$$H(X) = -\sum_{x \in X} p(x) \text{lb} p(x) \tag{3-4}$$

定义 3-4　当给定某一离散随机变量 X，另一相关变量 Y 的不确定性可以用条件熵来表示：

$$H(Y|X) = -\sum_{x \in X} \sum_{y \in Y} p(x,y) \text{lb} p(y|x) \tag{3-5}$$

对于连续随机变量，熵、互信息可定义为

$$H(X) = -\int p(x) \mathrm{lb} p(x) \mathrm{d}x \qquad (3-6)$$

$$I(X;Y) = \int p(x,y) \mathrm{lb} \frac{p(x,y)}{p(x)p(y)} \mathrm{d}x\mathrm{d}y \qquad (3-7)$$

对于军事训练数据集，决策特征变量通常是离散型的。如果条件特征变量是离散型的，其条件熵采用式（3-5）直接计算；如果条件特征变量是连续型的，其条件熵可按以下公式计算：

$$H(C|X) = -\int_X p(x) \sum_{c=1}^{N} P(c|x) \mathrm{lb} P(c|x) \mathrm{d}x \qquad (3-8)$$

其中 N 是决策特征的数目，$P(c|x)$ 是后验概率，通常无法直接计算。

因此，为解决连续变量的条件互信息计算中相关的后验概率难以直接计算的问题，提出一种基于 Parzen 窗概率密度估计的条件互信息计算方法。

2. 基于 Parzen 窗概率密度估计的条件互信息计算方法

Parzen 窗估计是最流行的概率密度估计的方法之一，是一种具有坚实理论基础和优秀性能的非参数函数估计方法。该方法能够较好地描述多维数据的分布状态，能够利用一组样本对总体分布密度函数进行估计，其基本思想就是利用一定范围内各点密度的平均值对总体密度函数进行估计。设 x 为 d 维空间中任一点，N 是选择的样本总数，为了对 x 处分布概率密度 $p(x)$ 进行估计，以 x 为中心作一个边长为 h 的超立方体 V，则其体积为 $V=h^d$，为计算落入 V 中的样本数 N_v，构造一个函数使得

$$\varphi(u) = \begin{cases} 1, & |u_i| \leqslant \frac{1}{2}, i=1,2,\cdots,d \\ 0, & \text{其他} \end{cases}$$

并使 $\varphi(u)$ 满足条件 $\varphi(u) \geqslant 0$，且 $\int \varphi(u) \mathrm{d}u = 1$，则落入体积 V 中的样本数为 $N_V = \sum_{i=1}^{N} \varphi\left(\frac{x-x_i}{h}\right)$，则此处概率密度的估计值为

$$\hat{p}(x) = \frac{1}{N} \sum_{i=1}^{N} \frac{1}{V} \varphi\left(\frac{x-x_i}{h}\right) \qquad (3-9)$$

上式是 Parzen 窗密度估计的基本公式，$\varphi(u)$ 称为窗函数。

根据贝叶斯公式，条件概率可以表示为

$$P(c|x) = \frac{p(x|c)P(c)}{p(x)} \qquad (3-10)$$

对于任意给定的特征变量，因为其数据的概率密度分布是未知的，所以计算的关键在于如何估计连续变量的概率密度分布，即如何得到 $p(x|c)$。对给定特征下各类别数据独立地进行概率密度估计，得到估计式为

$$\hat{p}(x|c) = \frac{1}{n_c} \sum_{i \in I_C} \phi(x-x_i, h) \qquad (3-11)$$

式中，n_c 表示类别 c 的样本数量，I_C 是属于类 C 的训练样本集合。由于条件概率的加和为1，即

$$\sum_{k=1}^{N} P(k\,|\,x) = 1$$

条件概率 $P(c\,|\,x)$ 可表示为

$$P(c\,|\,x) = \frac{P(c\,|\,x)}{\sum\limits_{k=1}^{N} P(k\,|\,x)} = \frac{P(c)p(x\,|\,c)}{\sum\limits_{k=1}^{N} P(k)p(x\,|\,k)} \qquad (3-12)$$

第二个等式由贝叶斯公式(3-10)得到。将 $p(x\,|\,c)$ 的估计式(3-11)代入式(3-12)，便得到条件概率 $P(c\,|\,x)$ 的估计式：

$$\hat{P}(c\,|\,x) = \frac{\sum\limits_{i\in I_C} \phi(x-x_i, h_c)}{\sum\limits_{k=1}^{N} \sum\limits_{i\in I_k} \phi(x-x_i, h_k)} \qquad (3-13)$$

其中，h_c、h_k 为窗宽参数。

在 Parzen 窗密度估计的基本公式中，窗宽 h 是一个非常重要的参数。当样本数 N 有限时，h 对估计的效果有着较大的影响。可以选择的窗函数有方窗、正态窗等。本章选择正态窗作为窗函数，主要基于以下考虑：

(1) 正态函数的平滑性将使得估计函数变化平滑；

(2) 如果选择完全对称的正态函数，估计函数中只有一个参量变化。

在选择正态窗函数的情形下，式(3-13)表示为

$$\hat{P}(c\,|\,x) = \frac{\sum\limits_{i\in I_C} \exp\left[-\dfrac{(x-x_i)^{\mathrm{T}}\sum^{-1}(x-x_i)}{2h^2}\right]}{\sum\limits_{k=1}^{N} \sum\limits_{i\in I_k} \exp\left[-\dfrac{(x-x_i)^{\mathrm{T}}\sum^{-1}(x-x_i)}{2h^2}\right]} \qquad (3-14)$$

将式(3-14)代入式(3-8)便可得到条件熵的估计式：

$$\hat{H}(C\,|\,X) = -\sum_{j=1}^{n} \frac{1}{n} \sum_{c=1}^{N} \hat{P}(c\,|\,x_j)\mathrm{lb}\hat{P}(c\,|\,x_j) \qquad (3-15)$$

综上所述，对于数据集中的连续变量，利用上述计算方法便可较为方便、准确地估计连续变量的概率密度分布，从而可计算出条件互信息，实现了对连续特征变量的特征选择。

3.3.2　阶段 1：基于条件互信息与离散度的特征选择

首先采用过滤法对原始数据进行初步特征选择，即采用一个合适的评价准则对原始特征集进行初步筛选，得到一个精度较低的初步特征子集。

给定数据集中的决策目标特征，存在一个从条件特征集合 F 到决策特征 C 的映射，当一个特征含有能够影响决策目标分布的重要信息时，该特征即为相关特征，否则该特征为不相关特征或冗余特征。据上所述，条件互信息 $I(C;f\,|\,S)$ 不仅考察了特征与决策目标之间的相关性，同时考虑到了特征之间的相关性(冗余性判别)，因此它十分适合作为构建选择特征评价准则的基础。

然而经过大量的实验发现，利用互信息为基础作为特征选择的评价准则（包含条件互信息），在分类的过程中，往往有偏向于取值较多的特征的缺点，而这些特征有时并不是最优的，如对装备编号 Equipment_ID 的分裂将导致大量划分，每个划分只包含一个元组。由于每个划分都是纯的，因此基于该划分对数据集 D 决策所需要的信息 $Info_{equipment\_ID}(D)=0$。这样对该特征划分得到的信息最大。实际上，这种划分对于决策显然是无意义的。针对这一不足，本章将离散度与条件互信息相结合作为阶段 1 初步特征选择时的评价准则。

根据散布矩阵（Scatter Matrix）的概念，推导出样本数据离散度的定义。

定义 3-5　若考虑先验概率，定义某一特征 j 的离散度如下：

$$D_j = \sum_{i=1}^{C} \left[P_i \sum_{k=1}^{N_i} (d^{(k)})^2 \right] \tag{3-16}$$

其中：P_i 表示第 i 类的先验概率；C 为决策目标数；N_i 为属于第 i 类的样本数据数。

定义 3-6　给定某一样本数据集，定义 $d^{(k)}$ 表示样本数据 $x_{i,j}^k$ 与其均值 $u_{i,j}$ 的距离，其公式如下：

$$d^{(k)} = x_{i,j}^k - u_{i,j} \tag{3-17}$$

其中，$x_{i,j}^k$ 表示第 j 个特征下属于 i 类的第 k 个样本数据；$u_{i,j}$ 表示第 j 个特征下 i 类样本的均值。对于离散值特征，均值 $u_{i,j}$ 即为其数学期望 $E[X]$，可以通过如下公式进行计算：

$$\mu = E[X] = \sum_X x P(x) \tag{3-18}$$

式（3-10）中，$E[X]$ 为 X 的数学期望。对于不同类型的离散型变量，可以按照如下方法进行计算：

变量类型为二元或分类：如果 $x_{i,j}^{(k)} = u_{i,j}$，则 $d^{(k)} = 0$，否则 $d^{(k)} = 1$。

变量类型为序数型：计算 $x_{i,j}^{(k)}$ 排序后的秩 $r_{i,j}^{(k)}$，以及 $z_{i,j}^{(k)} = \dfrac{r_{i,j}^{(k)} - 1}{M_j - 1}$，用 $z_{i,j}^k$ 代替 $x_{i,j}^{(k)}$。其中，M_j 为第 j 个特征变量（序数类型）的状态数目，$r_{i,j}^{(k)}$ 表示第 k 个样本的排位值。

对于连续值变量，首先对样本进行 K-S（Kolmogorov-Smirnov）检验。检验方法是以样本数据的累计频数分布与某个特定的理论分布相比较，若两者间的差距很小，则推论该样本取至某特定分布族。根据 K-S 检验的结果，选择合适的样本中心趋势度量作为式（3-9）中的均值 $u_{i,j}$，如平均数、众数、中位数。按照以上步骤，便可统一计算出数据集中各特征的离散度。

结合式（3-16），可以得到阶段 1 特征权重的评价准则：

$$J(f_i) = \frac{I(C; f_i \mid S)}{D_i + 1} \tag{3-19}$$

式（3-19）采用了条件互信息作为分子，避免了特征与已选择特征集 S 之间存在冗余。此外，直观上，将条件互信息与离散度 $D_i + 1$ 的倒数相乘（考虑到样本数据存在单一取值，即 D_i 为 0 的情况），此时如果某一特征样本数据取值越多，其离散度 D_i 越大，评价准则则相应地越小，以此克服条件互信息偏向于取值较多的特征的缺点。综上所述，评价准则 $J(f_i)$ 越大，则说明特征 f_i 与决策目标之间的相关性越大，被选择的可能性也越大。给出阶段 1

算法的伪代码如下：

算法 3 - 1　阶段 1 算法

Input：A training dataset $U(F, C)$

Output：Selected feature subset S

1. Initialize：$S = \varnothing$.

2. $\forall f_i \in F$, compute $\dfrac{I(f_i; C)}{D_i + 1}$.

3. (Selection of the first feature) find the feature that maximizes $\dfrac{I(f_i; C)}{D_i + 1}$, set $F = F - \{f_i\}$, $S = S + \{f_i\}$.

4. repeat until desired number of features are selected.

   a.　$\forall f_i \in F$, compute $J(f_i)$

   b.　(Selection of the next feature) choose the feature $f_i \in F$ that maximizes $J(f_i)$, and set $F = F - \{f_i\}$, $S = S + \{f_i\}$.

5. Output the preliminary set S containing the selected features.

3.3.3　阶段 2：基于最小分类错误率的特征选择

阶段 2 采用基于最小分类错误率的特征权重度量准则，对阶段 1 得到的初步特征子集进行再一次特征选择，进一步提高特征子集的精度。该阶段使用 Parzen 窗密度估计求取每一特征下各类数据的概率密度函数，计算出各特征的分类错误率，从而建立起准则函数。该函数可以反映出特征对决策目标的贡献程度，依据贡献程度的大小对特征进行选择，从而提高结果的精度。

由于此处考虑的决策目标是分类问题，因此，不同的决策特征值可以看作不同的数据类别。为便于描述，以下用数据属于 C_i 类表示决策结果为 C_i。

考虑到各类别的先验概率 $P(C_i)$ 对特征分类错误率的影响，定义条件特征 f_D 的分类错误率如下，并将此分类错误率作为判决指标。

定义 3 - 7　f_P 为数据集 D 中的第 P 个特征维度，C 为 D 中的数据类别集合 $\{C_1, C_2, \cdots, C_n\}$，则特征维度 f_P 的分类错误率 $\mathrm{err}(f_P)$ 定义为

$$\mathrm{err}(f_P) = \sum_{i=1}^{n} P(C_i) \times \mathrm{err}_{f_P}(C_i) \tag{3-20}$$

该定义反映了特征维度 f_P 对决策目标的贡献度：$\mathrm{err}(f_P)$ 越小则说明该特征贡献度越大，选择该特征的可能性越大；相反，$\mathrm{err}(f_P)$ 越大说明该特征贡献度越小，选择该特征的可能性越小。式（3 - 19）中 $P(C_i)$ 是 C_i 类的先验概率，可以通过式（3 - 21）求得

$$P(C_i) = \frac{|D_{C_i}|}{\sum\limits_{i=1}^{n} |D_{C_i}|} \tag{3-21}$$

式中，$|D_{C_i}|$ 表示数据集 D 中属于 C_i 类的数据元组的数目。

同时定义 $\mathrm{err}_{f_P}(C_i)$ 为在特征 f_P 中对 C_i 类数据的分类错误率：

定义 3 - 8　某一给定的特征 f_P 下，C_i 类的分类错误率 $\mathrm{err}_{f_P}(C_i)$ 定义为

$$\mathrm{err}_{f_P}(C_i) = \sum_{j=1}^{n} \lambda_{ij} P(e_{ij}) \tag{3-22}$$

式（3-22）中，λ_{ij} 为惩罚系数，表示实际类别为 C_i 类时误判为 C_j 类所引起的损失，并且规定 $\lambda_{ii}=0$。

定义 $P(e_{ij})$ 为将实际类别为 C_i 类时误判为 C_j 类的概率。

定义 3-9 假设已知 C_i 类与 C_j 类概率密度分布，则 $P(e_{ij})$ 定义为

$$P(e_{ij}) = \int_{R_i} p(x \mid C_i)\mathrm{d}x \tag{3-23}$$

式（3-23）中，R_i 表示将 C_i 类误判为 C_j 类的区间。直观上，设两条概率密度曲线的交点为判决点 x_i，由判决点 x_i 将 X 轴分为 R_i 与 R_j 两类误判区间，且判决点 x_i 的个数由具体的概率密度曲线决定。

假设在给定特征下每一类数据的概率密度分布已知，对于两类多模问题，根据"最大后验概率"（MAP）的原则对概率密度曲线进行分析，如图 3-8 所示。

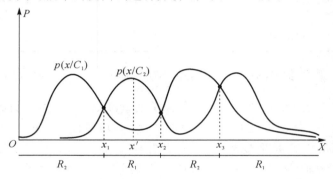

图 3-8 概率密度曲线分析

先前在定义 3-7 中已经考虑了各类别先验概率 $P(C_i)$ 对特征维度分类错误率的影响，所以在此不必重复考虑。如果令 T 为两类的分界面，则 T 映射为沿 X 轴上的一个点或若干点，称为判决点 x_i，在图 3-8 中即为 x_1、x_2、x_3，并且分界面 T 将 X 轴分为两类区间 R_1 与 R_2。图上的概率密度分布曲线表示的是对于类别 C_i 数据值 x 的条件概率 $p(x \mid C_i)$，由于在此不考虑先验概率的影响，即可认为数据值 x 属于各类别条件概率 $p(x \mid C_i)$ 最大的类别，以图 3-8 为例：对于数据值 x'，由于 $p(x' \mid C_1) > p(x' \mid C_2)$，因此判决 x' 为 C_1 类。由此可以看出当实际属于 C_1 类的数据 x 取值于区域 R_2 内，此时有 $p(x \mid C_1) < p(x \mid C_2)$，将会被误判为 C_2 类；同理，当实际属于 C_2 类的数据 x 取值于区域 R_1 内，此时有 $p(x \mid C_1) > p(x \mid C_2)$，将会被误判为 C_1 类。对于任意给定的数据集，由于其数据的概率密度分布是未知的，所以计算分类错误率的关键在于如何估计连续变量的概率密度分布，即如何得到 $p(X \mid C_i)$。由于在阶段 1 中，我们已经通过 Parzen 窗估计出所有连续变量的概率密度函数（第3.3.1节），因此可以由估计式（3-14）直接获得。

由此，可以将式（3-14）代入以上各式得到特征维度的分类错误率 $\mathrm{err}(f_P)$ 的计算式如下：

$$\mathrm{err}(f_P) = \sum_{i=1}^{n} \left\{ P(C_i) \times \left[\sum_{j=1}^{n} \left(\lambda_{ij} \int_R \frac{1}{n_c} \sum_{i \in I_C} \phi(x - x_i, h)\mathrm{d}x \right) \right] \right\} \tag{3-24}$$

综合上述讨论，给出阶段 2 算法的伪代码，如下：

算法 3 - 2　阶段 2 算法

Input：A preliminary set S

Output：An improved feature subset S'

Initialize：$S'=\varnothing$，$E=\varnothing$，$n=a$　$//n$ is the number of features User desired and input by User

1. $p=1$

2. Repeat Until $p=|S|$ $//|S|$ is the number of preliminary set S

    a. calculate $P(e_{ij})$，$\mathrm{err}_{f_P}(C_i)$，$\mathrm{err}(f_P)$

    b. $E=E+\{\mathrm{err}(f_P)\}$

    c. $p=p+1$

3. sort E as ascending order

    $S'=$ the feature mapping top n $\mathrm{err}(f_P)$ in E

　　阶段 2 是一种非参数估计的封装式特征选择方法。其优点在于通用性与简易性：不必事先了解数据的分布形式就可以对其进行密度估计，仅仅通过计算特征的分类错误率，并将此错误率作为判决指标对特征进行选择，从而得到高精度的最终特征子集。

3.3.4　实验与结果分析

　　本小节将所提出的两阶段混合型特征选择算法应用到一些具体的决策问题，并通过实验结果对比分析该算法的性能。所有实验均在 Windows10 操作系统平台上进行，使用 Matlab R2008a 完成特征选择算法的具体实现，使用 SPSS Clementine 12.0 进行分类实验。在算法的实现中设定 Parzen 窗宽度 $h=\dfrac{1}{\mathrm{lb}n}$，其中 n 为样本数。为了方便叙述，将本小节所提出的算法称为 TSHFS(Two Stage Hybrid Feature Selector)。

1. Sonar 数据集

　　Sonar 数据集主要用来测试其特征选择方法的性能。此数据集样本总数为 208，特征数目为 60，共分为 2 个类别：Metal 和 Rock。其中，Metal 类包含的样本数为 111，Rock 类包含的样本数为 97。使用 TSHFS 算法对数据集进行特征选择，并选择 2~10 个特征用来进行分类实验。分类实验参数为：分类模型为神经网络，隐藏层为一层且节点数为 3，冲量 Alpha 设为 0.0，学习率 Eta 取 0.2，衰减为 5，训练次数为 300 次。为防止过度训练取各数据集的 50% 作为样本集，其余 50% 作为测试集，得到结果如图 3-9 所示(每个柱条上的数字表示特征序号；横轴下方的数字表明了选择特征的优先次序，竖轴表示各特征的分类错误率)。不同特征数目对于 Sonar 数据集的分类准确率见表 3-2。

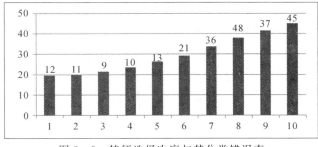

图 3 - 9　特征选择次序与其分类错误率

表 3-2 不同特征数目对于 Sonar 数据集的分类准确率
（括号中的数字为 10 次实验的标准差）

特征数目	TSHFS	TSHFS-Ⅱ	PWFS	MIFS	MIFS-U
2	75.5(1.5)	75.5(1.5)	71.8(2.1)	51.7(2.1)	65.2(1.6)
4	77.3(1.6)	76.6(3.1)	76.6(3.1)	74.8(1.4)	77.3(0.4)
6	78.4(1.5)	78.4(1.5)	78.4(1.5)	76.5(2.4)	77.9(0.7)
8	78.8(0.7)	78.5(0.5)	78.5(0.5)	77.2(3.1)	78.9(0.8)
10	82.0(2.2)	80.9(1.9)	80.9(1.9)	78.1(1.8)	81.5(0.4)
ALL(60)	87.9(0.2)				

从表 3-2 可以看出 TSHFS 具有比其他算法更好的效果。

2. 其他 UCI 数据集

选取 UCI 库中常用的 4 个数据集用来测试与比较各特征选择算法的性能。数据集的简要描述见表 3-3。

表 3-3 实验数据集描述

数据集名称	特征数量	实例数量	类别数量
Letter	16	20000	26
Breast Cancer	9	699	2
Waveform	21	1000	3
Vehicle	18	946	4

对于这些数据集，分别按照特征选择算法选择不同的特征进行分类实验，分类实验参数为：分类模型为神经网络，隐藏层为一层且节点数为 3，冲量 Alpha 设为 0.0，学习率 Eta 取 0.2，衰减为 5，训练次数为 300 次。其中对于 Letter 数据集，将数据集的 75% 作为训练集，剩余 25% 作为测试集；对于 Breast Cancer 数据集，将数据集的 50% 作为训练集，剩余 50% 作为测试集；对于 Waveform 数据集，将数据集的 30% 作为训练集，70% 作为测试集；对于 Vehicle 数据集，将数据集的 33% 作为训练集，67% 作为测试集。为了方便对比结果，4 个数据集均选择特征选择后的前 4 个相关特征进行分类实验。分析表 3-4 可以看出 TSHFS 在分类准确率（%）上要优于 PWFS、MIFS 与 MIFS-U。

表 3-4 特征选择结果对于各实验数据集的分类正确率比较

数据集	TSHFS	PWFS	MIFS	MIFS-U
Letter	70.1	67.5	62.4	68.5
Breast Cancer	96.8	96.6	93.7	94.2
Waveform	77.8	75.4	67.6	73.8
Vehicle	64.8	62.5	57.3	59.9

本 章 小 结

　　本章介绍了维归约的相关概念，重点讨论了实现维归约的特征选择和特征抽取两种方法，确保数据特征在维归约前后能够保持其物理意义，以及将特征选择作为维归约方法，在此基础上，建立了维归约核心概念框架；重点讨论了特征选择的优化策略及评价准则，并针对现有基于信息论特征选择方法的不足，提出了一种两阶段混合型特征选择算法，在阶段 1 中采用过滤式特征选择方法结合条件互信息和离散度作为评价准则，筛选出精度较低的初始特征子集；在阶段 2 中采用封装式特征选择方法将阶段 1 中得到的初始特征子集作为输入，通过计算各特征的分类错误率并将其作为判决指标实现对特征子集的进一步选择，得到高精度的最终特征子集。算法采用 Parzen 窗对原数据集中的连续变量进行概率密度估计，能够较准确地计算出连续特征变量的条件互信息和分类错误率，解决离散和连续特征的条件互信息难以计算、特征权重评估偏向多值特征等问题。在实际应用中，研究成果能够有效检测并去除跨领域数据的汇集、集成和整合过程中形成的冗余特征，进而减小领域大数据的特征空间维数，提高数据分析处理的效率。

参 考 文 献

[1]　BELLMAN R. Adaptive Control Processes：A Guided Tour ［M］. Princeton：Princeton University Press，1961.

[2]　DASH M，LIU H. Dimensionality Reduction[M]//Wah B w. eds. Encyclopedia of Computer Science and Engineering. Hoboken，New York：John Wiley&Sons，2009：958-966.

[3]　FODOR I K，A survey of dimension reduction techniques[J]. Neoplasia（New York，N. Y.），2002,9(5):10-12.

[4]　LIU H，YU L. Toward Integrating Feature Selection Algorithm for Classification and Clustering[J]. IEEE Transactions on Knowledge and Data Engineering，2005，17(4)：491-502.

[5]　BLUM AVRIM L，RIVEST RONALD'L. Training a 3-node neural network is NP-Complete. Neural Network，Volume 5，1992;117-127.

[6]　KOHAVI R，JOHN G H. Wrappers for Feature Subset Selection. Artificial Intelligence，1997,97(1-2):273-324.

[7]　DASH M，LIU H. Feature Selection for Classification. Intelligent Data Analysis，1997,1(1-4)：131-156.

[8]　DOAK J. An Evaluation of Feature Selection Methods and Their Application to Computer Security[J]. Technical Report，CSE-92-18，1992.

[9]　LIU H，MOTODA H. Less Is More. Feature Extraction，Construction and Selection：

A Data Mining Perspective，1998:3-12.

[10] SKOWRON A，STEPANIUK J. Tolerance approximation spaces. Fundamenta Informaticae，1996，27(2-3)：245-253.

[11] YU L，LIU H. Efficient Feature Selection via Analysis of Relevance and Redundancy. Journal of Machine Learning Research，2004(5)：1205-1224.

[12] YANG J，HONAVAR V. Feature subset selection using a genetic algorithm. In IEEE Intelligent Systems，1998(13):44-49.

[13] QUINLAN J R. Induction of decision trees. Machine Learning，1986(1):81-106.

[14] LIU H，SETIONO R. Feature selection and classification—a probabilistic wrapper approach. In：Proceedings of the 9th Intemational Conference on Industrial and Engineering Applications of AI and ES，1996.

[15] LIU H，MOTODA H. Feature Selection for Knowledge Discovery and Data Mining. Boston：Kluwer Academic Publishers，1998.

[16] KIRA K，RENDELL L A. A practical approach to feature selection. In Machine Learning:Proceedings of the Ninth International Conference，1992.

[17] CYBENKO G. Approximation by superpositions of a sigmoidal function. Math. Contr. Signals Syst，1989：303-314.

[18] DASH M，LIU H. Feature selection for classification[J]. In Intelligent Data Analysis，1997,1(1-4)：131-156.

[19] BATTITI R. Using mutual information for selecting features in supervised neural net learning. In IEEE Transactions on Neural Networks,1994,5(4)：537-550.

[20] FLEURET F. Fast Binary Feature Selection with Conditional Mutual Information. Journal of Machine Learning Research,2004(5):1531-1555.

[21] MOORE A W，LEE M S. Efficient algorithms for mining cross validation error，in：Proceedings of Eleventh International Conference on Machine learning，New Brunswick，NJ，Morgan Kaufinann，San Mateo，CA，1994:190-198.

[22] DASH M，LIU H. Consistency-based search in feature selection. Artificial Intelligence,2003(151):155-176.

[23] HALL M A. Correlation-based Feature Selection for Machine Learning[D]. The University of Waikato，1999.

[24] KIRA K，RENDELL L. A practical approach to feature selection[C]. Proc of the 9th International Conference on Machine Learning，1992:249-256.

[25] WEI H L，BILLINGS S A. Feature Subset Selection and Ranking for Data Dimensionality Reduction[J]. IEEE Transactions on Pattern Analysis and Machine Intelligence，2007，29(1):162-166.

［26］ GUYOU I, WESTON J, BARNHILL S, et al. Gene selection for cancer classification using support vector machines[J]. Machine Learning, 2002, 46(1-3): 389-422.

［27］ LIU J, RANKA S, KAHVECI T. Classification and feature selection algorithms for multi-class CGH data[J]. Bioinformatics, 2008, 24: 86-95.

［28］ ZHOU X, TUCK D P. MSVM_RFE: extensions of SVM-RFE for multiclass gene selection on DNA microarray data[J]. Bioinformatics, 2007, 23(9): 1106-1114.

［29］ COVER T M, THOMAS J A. Elements of Information Theory. John Wiley &Sons, 1991.

［30］ KWAK N. CHOI C H. Input Feature Selection for Classification Problems. IEEE Trans. Neural Networks, 2002, 13(1): 143-159.

［31］ 边肇祺, 张学工, 等. 模式识别[M]. 2 版. 北京: 清华大学出版社, 2001.

［32］ KWAK N, CHOI C H. Input feature selection by mutual information based on Parzen window [J]. IEEE Transactions on Pattern Analysis and Machine Intelligence, 2002, 24(12): 1667-1671.

［33］ QUINLAN R. C4.5: Programs for Machine Learning[M]. SanFrancisco: Morgan Kaufmann, 1993.

［34］ 张逸石, 陈传波. 基于最小联合互信息亏损的最优特征选择算法[J]. 计算机科学, 2011, 38(12): 200-206.

［35］ COVER T, THOMAS J. Elements of Information Theory[M]. NewYork: Wiley, 1991.

［36］ ARCHAMBEAU C, ASSENZA A, VALLE M, et al. Assessment of probability density estimation methods: Parzen window and Finite Gaussian Mixtures[C]// 2006 IEEE International Symposium on Circuits and Systems, IEEE, 2006: 4.

［37］ KWAK N, CHOI C H. Input feature selection by mutual information based on Parzen window [J]. IEEE Transactions on Pattern Analysis and Machine Intelligence, 2002, 24(12): 1667-1671.

第4章 基于 LSH 的海量数据元组快速归约方法

在领域大数据中，通常存在着大量冗余数据，表现为多个数据对象在内容上的重复或相似，这些冗余数据严重影响相关信息的检索、处理和应用的效率，同时造成大量存储空间的浪费。基于数据内容的相似性，检测并去除数据集中的冗余数据对于改善数据质量、降低时空代价非常关键，这种数据归约的策略简称为元组归约。本章分析数据元组归约相关的核心概念及海量非结构化元组归约的基本流程，研究各种结构类型数据的特征空间表示模型，以及数据对象的相似性度量方法，重点研究基于 p-稳态分布局部敏感哈希的特征空间索引优化技术，实现基于内容相似性度量的图文声像等海量非结构化数据的快速归约方法；研究基于混合哈希技术的结构化数据元组归约方法，实现关系型数据表的记录级冗余处理，支持多源数据集成过程中的实体对准和匹配。

4.1 元组归约概述

元组（Tuples）代表数据集中的一条记录，用于描述一个数据实体。在数据工程领域，不同的研究领域对元组有着不同的称谓，比如样本、案例、个案、模式、向量、点、记录、实体等，其本质都是表示一个数据对象。本章将数据集中各个数据实体统称为元组，这种基于元组的数据归约即称为元组归约。

元组归约（Tuples Reduction）主要通过检测并删除冗余（重复、相似）的数据元组，来降低数据规模及计算复杂度，减少数据冗余带来的不利影响，提高数据质量以及信息检索、处理和应用效率。对于冗余数据元组的检测，常用的策略是利用相似性度量方法，计算并比较数据集中各个元组间的相似度，来获取较为相似的数据元组，完成冗余数据的过滤。

元组归约任务（Tuples Reduction Task）涵盖三个核心任务，即数据预处理（Data Processing）、相似性度量（Similarity Measuring）和搜索空间优化（Search Optimization）。

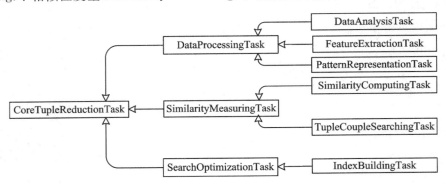

图 4-1 元组归约任务的框架图

从元组归约任务出发，围绕元组归约的相关技术以及涉及的数据存储模式及表示模型、关键算法、算法假设及优化策略等内容，建立了相应的归约方法概念框架和归约任务本体模型，为数据归约流程及算法的智能选择提供知识推理基础。元组归约算法的概念框架如图 4-2 所示，相关拓展在后续章节展开。

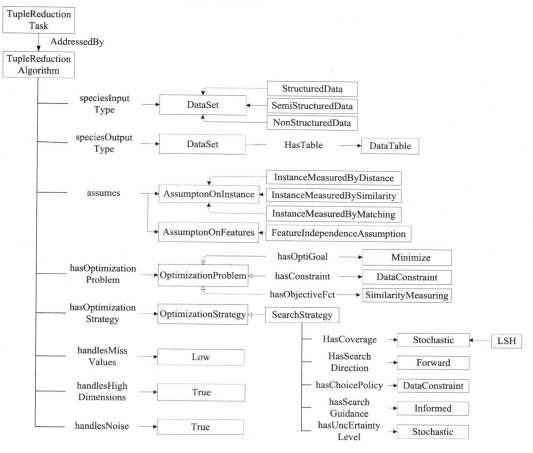

图 4-2　元组归约算法的概念框架

如图 4-2 所示，元组归约任务由元组归约算法（Tuple Reduction Algorithm）完成，算法的输入和输出类型均为数据集，数据集存在不同的存储模式和模型表示方法，数据集的每条记录存在不同的度量方式，并由问题域——相似性度量的优化问题出发，提出解决问题的优化策略，即搜索空间优化策略等。

依据待归约数据的数据集结构类型及表示模型，领域大数据元组归约主要包括结构化数据和非结构化数据两种数据元组归约任务。其中结构化数据元组归约主要解决关系型数据表中的记录级的冗余问题，非结构化元组归约主要解决图像、文本、音视频等非结构化数据中相似内容的文件级的冗余问题。

在结构化数据表中，每个实体的结构化表示是一行数据表记录，对应一个数据元组。在数据集成整合中，由于关系表格的去规范化（Denormalized）操作（通常为避免表间连接来提高性能）、数据拷贝、无效实体状态数据反复采集等原因会形成大量的冗余元组，因此，"同一实体及其相似或相近状态"的冗余性检测和处理就是结构化数据元组归约任务的目标。

在非结构化数据中，每个数据实体的存储模式通常由各自的文件格式及其编码方案确定，并呈现出典型的"流"特征。在处理冗余文件时，常用的技术包括基于文件属性匹配、MD5 编码等，但这些技术无法解决数据内容相同或相近，以及数据存储格式或文档属性不同带来的问题。为实现基于内容的相似性度量及冗余处理，需要从数据流中提取数据特征，将原始数据映射到高维特征空间，每个数据元组即为特征空间的一个点（或向量），然后基于特征空间向量进行相似性度量及冗余文件处理。

针对海量数据元组集合进行相似性度量时，涉及大规模特征空间的搜索问题，常用方法是建立数据集的索引结构，对搜索空间进行优化，以快速获取相似的数据，达到快速去除冗余的目的。当数据集规模较小时，进行相似性度量的元组对数目较少，计算量不大，利用线性扫描的方法比数据划分或空间划分方法更有效；但当数据集规模增大时，利用上述方法进行相似性度量的元组对数目呈指数增长，空间搜索范围急剧增大，即使每项元组间的相似度计算非常简单，由于元组对数目过多，实现所有元组对的相似度计算代价还是比较昂贵的。例如，假定有 100 万个待归约数据项，则需要 $C_{1000000}^2 = 5000$ 亿次的相似度比较。若每次相似度计算需 1 μs，则所有相似度计算大约需要 6 天的时间，计算量非常大，且根本无法满足实际要求。即使采用并行机制来减少耗时，总的计算量也没有减少，没有解决根本的问题。需要说明的是，传统的关系型计算主要适用于信息检索，对于信息的相似性度量作用不大。

实际上，在海量数据归约的相似度计算过程中，往往只需要得到最相似或近似相似的候选数据对集合，然后通过数据对的相似度计算，检测重复或相似的数据，去除冗余实现数据归约，而不需要在所有数据对之间进行相似度计算。针对本文研究的问题，拟采用近似索引技术将搜索范围集中在那些可能的相似的元组，这样将全局搜索问题转化为局部搜索问题。

因此，本章将重点研究解决海量数据元组快速归约的相似性度量和索引空间优化问题。

4.2　元组的相似性度量

相似性度量（Similarity Measures）定义为函数 $sim(x, y)$，用来度量数据样本之间相互关联或相近程度，数值越大，表明两个元组之间越相似；相异性度量（Dissimilarity Measures）定义为函数 $diff(x, y)$，用来度量数据样本之间的差异程度，数值越大，表明两个元组之间差别越大。相异性度量可以采用 $1 - sim(x, y)$ 来间接计算，也可以直接采用不同的度量指标来计算。需要说明的是，为了减少度量指标的量纲、测度等负面影响，通常需要将相似性度量或相异性度量的值规范化到 $[0,1]$。另外，在本章中，元组的相似性度量和相异性度量只是表述不同的语义，其具体计算方法采用相同的度量指标，因此，下面我们统一采用相似性度量这一术语。

相似性度量通常采用度量指标（Metric）来计算结果，度量指标又称为距离函数，用 d 表示，应满足正定性、对称性和三角不等式等条件。其中，度量指标满足正定性，是指度量值要大于等于 0，表明该度量没有方向性，因此要有绝对零点，便于度量值之间的乘法和除法操作。度量指标满足对称性，是指度量空间应具备均匀性和各向同性，度量值与元组计算顺序无关，例如在许多聚类算法中，距离函数不满足对称性，对于同一组样本，由于参与计算的样本是随机抽样的，算法将输出非常随机的聚类结果；度量指标满足三角不等式，是指在任何空间中都能通过短程线定义直线，或者符合我们在欧氏空间中的"直线距离最短"的直观认识。例如，余弦距离不满足三角不等式条件，如果 x 坐标轴上有两个不同点 A 和 B，坐标分别为 $(1, 0)$ 和 $(100, 0)$，与 x 轴正交的 y 坐标轴上有点 C，坐标为 $(0, 1)$，如果用余弦距离作为度量指标，则 $d(A, B) = 0$，$d(A, B) + d(A, C) = d(B, C)$，即 $d(A, C) = d(B, C)$，此结论不仅违反直觉，同时也影响用 KNN 分类器、划分式聚类算法等进行计算的结果。

在元组的相似性度量中，相异度矩阵（Dissimilarity Matrix）是一种重要的数据结构，相异度矩阵存储 n 个对象，两两之间的相似性度量值，表现形式是一个 $n \times n$ 维的矩阵。相异度矩阵的作用有两个，一是用于元组相似度计算结果的结构化表示和持久化存储；二是代替实体特征来构建训练样本的向量化表示。在构建相异度矩阵时，应慎重考虑度量空间的一致性，也就是说，对于所有样本，应采用统一的特征空间及度量指标，否则会出现非欧或非度量的数值，例如，桌子 A 上放着两个相距 10 cm 的杯子 B 和 C，在相异度矩阵中，可能会出现 $d(A, B) = d(A, C) = 0$，$d(B, C) = 10$ 的情况，这是一种典型的非欧和非度量结果，其原因就是杯子 B、C 当作点（Point）来建模，而桌子当作平面（Plane）来建模。

在元组的相似性度量中，依据元组数据类型的不同，采用不同的度量指标。相似性度量的相关数据类型及其度量指标的概念模型如图 4-3 所示。

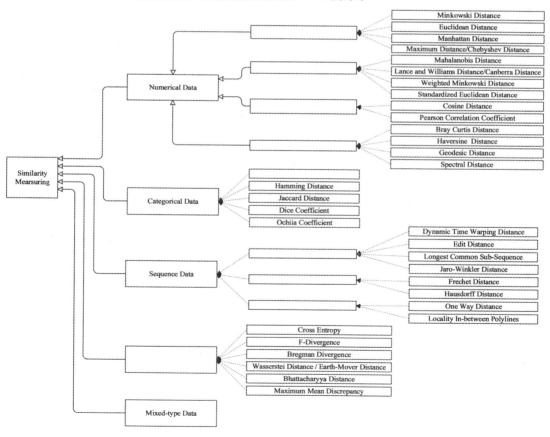

图 4-3　相似性度量的概念模型

为了降低概念之间的交叉引用，便于数据归约本体的构建，元组相似度度量指标按照六类数据类型进行区分：数值型、分类型（包括布尔型）、序列型、概率分布型、混合型和其他类型。这里的数据类型指的是元组属性的数据类型，而非元组的数组、向量、树等结构类型，也不区分图像、文本、表格、视频、音频等存储结构格式。在数据归约过程中，归约系统将原始数据预处理后统一转换为元组，进而依据上述概念框架构成的本体知识，自动确定元组的相似度计算方法及对应指标。

将序列型数据和概率型数据单独区分出来，构建相应的相似度计算本体知识，主要是因为这两类数据的相似度计算方法及指标相对独立，且应用范围比较广泛。

4.2.1　数值型数据的元组相似性度量方法

数值属性（Numeric Attribute）是定量的，用整数或实数值表示。数值属性可以是区间标度的，也可以是比率标度的。在应用中，数值型的数据实体通常被表示为向量空间的向量或度量空间中的点集，依据度量空间或者度量类型的不同，数值型数据的元组相似性度量指标可以区分为闵氏类型度量（Minkowski Style Metrics）、规范化空间度量（Normalized Spatial Metrics）、角度和相关性度量（Angular and Correlation Metrics）、混合空间度量（Miscellaneous Spatial Metrics）等四大类。

1.　闵氏类型度量

闵氏是闵可夫斯基的简称，闵氏类型度量主要采用闵可夫斯基距离，来解决欧几里得空间中点之间距离的度量问题，主要包括以下四类距离。

（1）闵可夫斯基距离（Minkowski Distance）。闵可夫斯基距离并非一种特定距离，而是一组距离的定义，是对多个距离度量公式的概括性的表述，n 维闵可夫斯基距离公式如下：

$$d(x, y) = \left(\sum_{i=1}^{n} (x_i - y_i)^p \right)^{\frac{1}{p}}$$

曼哈顿距离（$p=1$）、欧几里得距离（$p=2$）和最大距离（$p=\infty$）就是闵可夫斯基距离的一种特殊情况。

（2）欧拉距离（Euclidean Distance）。欧拉距离又称为欧几里得距离或欧几里得度量，用以计算两点间的直线距离。n 维空间中的欧拉距离公式如下：

$$d(x, y) = \sqrt{\sum_{i=1}^{n} (x_i - y_i)^2} = \sqrt{(x_1 - y_1)^2 + (x_2 - y_2)^2 + \cdots + (x_n - y_n)^2}$$

（3）曼哈顿距离（Manhattan Distance）。曼哈顿距离用以计算两个点在标准坐标系上的绝对轴距总和，n 维空间中的曼哈顿距离公式如下：

$$d(x, y) = \sum_{i=1}^{n} |x_i - y_i|$$

（4）最大距离（Maximum Distance）/切比雪夫距离（Chebyshev Distance）。切比雪夫距离用以计算两个点在标准坐标系上的绝对轴距的最大值。以数学的观点来看，切比雪夫距离是由一致范数（或称为上确界范数）所衍生的度量的，也是超凸度量的一种。切比雪夫距离公式如下：

$$D(x, y) = \max(|x_i - y_i|)$$

2. 规范化空间度量

规范化空间度量主要来解决规范化欧几里得空间中点之间距离的度量问题，主要包括以下四类距离。

（1）马氏距离（Mahalanobis Distance）。马氏距离是由印度统计学家马哈拉诺比斯（P. C. Mahalanobis）提出的，表示数据的协方差距离。它是一种有效的计算两个未知样本集的相似度的方法。与欧氏距离不同的是，它考虑到各种特性之间的联系并且是与尺度无关的，即独立于测量尺度。对于一个均值为 μ、协方差矩阵为 $\boldsymbol{\Sigma}$ 的多变量向量，其 n 维空间中的马氏距离公式如下：

$$d(\boldsymbol{x}, \boldsymbol{y}) = \sqrt{(\boldsymbol{x} - \boldsymbol{y})^{\mathrm{T}} \boldsymbol{\Sigma}^{-1} (\boldsymbol{x} - \boldsymbol{y})}$$

若协方差矩阵为单位矩阵，那么马氏距离就简化为欧几里得距离。若协方差矩阵为对角阵，则其转为标准化的欧几里得距离（Standardized Euclidean Distance）。

马氏距离不受量纲的影响，两点之间的马氏距离与原始数据的测量单位无关。由标准化数据和中心化数据计算出的二点之间的马氏距离相同。马氏距离还可以排除变量之间的相关性的干扰，但它的缺点是夸大了变化微小的变量的作用。

（2）兰氏距离（Lance and Williams Distance）/坎贝拉距离（Canberra Distance）。兰氏距离是曼哈顿距离的加权版本，通常被用作比较排名列表和计算机安全中的入侵检测的测量。其 n 维空间中的兰氏距离公式如下：

$$d = \sum_{i=1}^{n} \frac{|x_i - y_i|}{|x_i| + |y_i|}$$

兰氏距离对于接近于 0（大于等于 0）的值的变化非常敏感。与马氏距离一样，兰氏距离对数据的量纲不敏感。不过兰氏距离假定变量之间相互独立，没有考虑变量之间的相关性。

（3）加权闵氏距离（Weighted Minkowski Distance）。当样本空间中各属性的重要性不一样时，可以使用加权距离。加权闵氏距离公式如下：

$$\text{dist}_{umk}(x_i, x_j) = (w_1|x_{i1} - x_{j1}|^p + \cdots + w_n|x_{in} - x_{jn}|^p)^{1/p}$$

其中，权重 $w_i \geqslant 0 (i = 1, 2, \cdots, n)$ 表示不一样属性的重要性，一般有 $\sum_{i=1}^{n} w_i = 1$。

（4）标准化欧氏距离（Standardized Euclidean Distance）。标准化欧氏距离将各个分量都"标准化"到均值、方差相等的区间，即

$$X^* = \frac{X - m}{s}$$

其中 X^* 为标准化后的值，X 为原值，m 为分量的均值，s 为分量的标准差。所以 n 维空间中的标准化欧氏距离公式如下：

$$d(\boldsymbol{x}, \boldsymbol{y}) = \sqrt{\sum_{i=1}^{n} \left(\frac{x_i - y_i}{s_i} \right)^2}$$

如果将方差的倒数看成是一个权重，则这个公式可以看成是一种加权欧氏距离。

3. 角度和相关性度量

角度和相关性度量主要用于解决两个向量之间的相似度或相关度计算问题，主要包括余弦距离和皮尔逊相关系数等。严格来讲，余弦距离并非一个真正的"距离"，因为其不满足距离定义中三角不等式的约束。皮尔逊相关系数主要用来度量两个随机变量之间的相关性，而非两个实例（样本）之间的距离，将其纳入向量之间的角度度量的主要原因是，皮尔逊相关系数的本质就是余弦距离。

（1）余弦距离（Cosine Distance）。余弦距离又称余弦相似度，用来衡量两个向量方向的差异，相比距离度量，余弦相似度更加注重两个向量在方向上的差异，而非距离或长度上。n 维空间中的余弦距离为

$$d(\boldsymbol{x}, \boldsymbol{y}) = 1 - \cos(\boldsymbol{x}, \boldsymbol{y}) = 1 - \frac{\boldsymbol{x} \cdot \boldsymbol{y}}{\|\boldsymbol{x}\| \cdot \|\boldsymbol{y}\|}$$

两个向量之间夹角越小，余弦值越接近于 0，其余弦距离则接近于 0，表示二者方向更加吻合，则越相似；当两个向量的方向完全相反时，夹角余弦取最小值 −1，余弦距离取最大值 2；当余弦值为 0 时，余弦距离为 1，两向量正交，夹角为 90°。

（2）相关系数（Correlation Coefficient）。假设有两个数值型随机变量 X、Y，通过中心化处理（又叫作零均值化），也就是说，在 n 维空间的直角坐标系中，分别以两个随机变量的均值 $\overline{X}$、$\overline{Y}$ 作为坐标原点，构建如下两个向量：

$$\boldsymbol{x} = X_i - \overline{X}, \qquad \boldsymbol{y} = Y_i - \overline{Y}$$

变量 X、Y 样本方差以及向量 $\boldsymbol{x}$、$\boldsymbol{y}$ 的模分别为

$$S_X^2 = \frac{1}{n-1} \sum_i^n (X_i - \overline{X})^2 = \frac{\boldsymbol{x} \cdot \boldsymbol{x}}{n-1} \Rightarrow \|\boldsymbol{x}\| = \sqrt{n-1} S_X$$

$$S_Y^2 = \frac{1}{n-1} \sum_i^n (Y_i - \overline{Y})^2 = \frac{\boldsymbol{y} \cdot \boldsymbol{y}}{n-1} \Rightarrow \|\boldsymbol{y}\| = \sqrt{n-1} S_Y$$

变量 X、Y 的样本协方差为

$$S_{XY} = \frac{1}{n-1} \sum_i^n (X_i - \overline{X})(Y_i - \overline{Y}) = \frac{\boldsymbol{x} \cdot \boldsymbol{y}}{n-1}$$

变量 X、Y 之间的皮尔逊相关系数计算公式为

$$r = \frac{S_{XY}}{S_X S_Y}$$

结合余弦距离的计算公式，可以得到：

$$d(\boldsymbol{x}, \boldsymbol{y}) = 1 - \cos(\boldsymbol{x}, \boldsymbol{y}) = 1 - \frac{\boldsymbol{x} \cdot \boldsymbol{y}}{\|\boldsymbol{x}\| \cdot \|\boldsymbol{y}\|} = 1 - \frac{(n-1) S_{XY}}{\|\boldsymbol{x}\| \cdot \|\boldsymbol{y}\|}$$

$$= 1 - \frac{(n-1) S_{XY}}{\sqrt{n-1} S_X \cdot \sqrt{n-1} S_Y} = 1 - \frac{S_{XY}}{S_X S_Y}$$

$$= 1 - r$$

从上面的公式我们可以看出，对于数值型数据，向量之间的余弦距离与相应的变量之间的相关系数是等价的。另外，向量的余弦距离与相关样本协方差成反比，与两个向量模的乘积成正比。

4. 其他空间度量

在曲面空间(非欧空间)中,常用的距离包括以下几类:

(1) 布雷-柯蒂斯距离(Bray-Curtis Distance)。布雷-柯蒂斯距离主要应用于植物学、生态学和环境科学,计算坐标之间的距离,它将空间视为网格,类似于城市街区距离。该距离取值在[0,1]之间,也可以用来计算样本之间的差异。n 维空间中的布雷-柯蒂斯距离为

$$d(x,y) = \frac{\sum\limits_{i=1}^{n} |x_i - y_i|}{\sum\limits_{i=1}^{n} x_i + \sum\limits_{i}^{n} y_i}$$

(2) 半正矢距离(Haversine Distance)。半正矢距离主要用来计算球面上的两点在给定经纬度条件下的最短连线距离,计算公式如下:

$$d(x,y) = 2r \arcsin \sqrt{\sin^2\left(\frac{\varphi_2 - \varphi_1}{2}\right) + \cos\varphi_1 \cos\varphi_2 \sin^2\left(\frac{\lambda_2 - \lambda_1}{2}\right)}$$

其中,λ_1 和 λ_2 分别表示两个点的经度,φ_1 和 φ_2 分别表示两个点的纬度,使用弧度制度量;r 表示球的半径。

(3) 测地距离(Geodesic Distance)。测地距离最初是指球体表面两点之间的最短距离,但随后这一概念被推广到数学空间的测量之中。当特征空间为平面时,测地距离即为欧几里得距离。在非欧空间上,球面上两点间距离最短的线是连接这两点的大圆弧,可以采用半正矢距离。在图论中,测地距离就是两个图顶点的最短路径距离,即两个顶点之间最短路径的边数,对于不存在连接的两个图顶点,测地距离定义为无穷大。

(4) 谱距离(Spectral Distance)。谱距离用来计算曲面上任意一对点之间的距离,相比于测地距离,谱距离对噪声和拓扑变化更具鲁棒性,并且计算效率较高。谱距离包括扩散距离 $d_D(\cdot,\cdot)$ 和双谐波距离 $d_B(\cdot,\cdot)$,用来定义曲面上两点 $x,y \in \mathcal{M}$,在其谱嵌入空间中的欧式距离:

$$d_D(\boldsymbol{x},\boldsymbol{y})^2 = \sum_{i=1}^{\infty} e^{-2a_i} (\phi_i(\boldsymbol{x}) - \phi_i(\boldsymbol{y}))^2 \equiv k_{2t}(\boldsymbol{x},\boldsymbol{x}) + k_{2t}(\boldsymbol{y},\boldsymbol{y}) - 2k_{2t}(\boldsymbol{x},\boldsymbol{y})$$

$$\equiv \int_{\mathcal{M}} (k_t(\boldsymbol{x},\boldsymbol{z}) - k_t(\boldsymbol{y},\boldsymbol{z}))^2 \, \mathrm{d}\boldsymbol{z}$$

$$d_B(\boldsymbol{x},\boldsymbol{y})^2 = \sum_{i=1}^{\infty} \frac{1}{\lambda_i^2} (\phi_i(\boldsymbol{x}) - \phi_i(\boldsymbol{y}))^2 \equiv G_B(\boldsymbol{x},\boldsymbol{x}) + G_B(\boldsymbol{y},\boldsymbol{y}) - 2G_B(\boldsymbol{x},\boldsymbol{y})$$

$$\equiv \int_{\mathcal{M}} (G(\boldsymbol{x},\boldsymbol{z}) - G(\boldsymbol{y},\boldsymbol{z}))^2 \, \mathrm{d}\boldsymbol{z}$$

对于两点 $x,y \in \mathcal{M}$,二者的扩散距离是其热核函数(Heat Kernel Function)之间的综合差分,二者的双谐波距离是其格林函数(Green's functions)之间综合差分。其中,扩散距离并非严格的距离度量,因为 $d_D(x,y) = 0$ 并不能表示 $x = y$,双谐波距离则不存在该问题。

4.2.2　分类型数据的元组相似性度量方法

分类型数据主要包括标称属性(Nominal Attribute)、二元属性(Binary Attribute)、字

符串属性（String Attribute）和序数属性（Ordinal Attribute）等。标称属性是用于表示一些符号或事物名称的值，属性中的每个值代表某种类别、编号或状态，其值域同时是可数的。二元属性是一种特殊的标称属性，其值只有两个类别或状态：0 或者 1。标称属性和二元属性数据只能参与相等性运算。序数属性类似于标称属性，但是其状态是排序的，序数属性值的相对顺序是重要的，而其实际的大小则不重要，序数属性数据可以参与相等性运算和排序运算，经特殊转换后也可参与四则运算。字符串属性也类似于标称属性，但其值域是不可数的，因此不能采用标称属性的相似性度量方法，而是采用编辑距离或最长公共子序列等测度。

在应用中，分类型数据实体通常被表示为数据集合（Data Sets）、数据元组（Data Tuples）和数据分区（Data Partitions）。分类型的数据集合或元组的相似性度量主要包括简单匹配距离（Simple Matching Distance）、汉明距离（Hamming Distance）、杰卡德距离（Jaccard Distance）、Dice 距离（Dice Distance）和 Ochiia 距离（Ochiia Distance）等；分类型的数据分区的相似性度量主要包括 Kulc 系数（Kulczynski Indics）等。

1. 分类型数据集合或元组的相似性度量方法

（1）简单匹配距离。简单匹配距离（SMD）用于量度二元属性元组之间的差异性，其对应的简单匹配系数（Simple Matching Coefficient，SMC），是用于比较样本之间相似性与多样性的统计量。给定两个 n 维二元向量 $\boldsymbol{X}$、$\boldsymbol{Y}$，二者的简单匹配距离如下所示：

$$d(\boldsymbol{X}, \boldsymbol{Y}) = 1 - \text{SMC}(\boldsymbol{X}, \boldsymbol{Y}) = 1 - \frac{M_{00} + M_{11}}{M_{00} + M_{11} + M_{10} + M_{01}} = \frac{M_{10} + M_{10}}{M_{00} + M_{11} + M_{10} + M_{01}}$$

在上述计算公式中，M_{00} 代表向量 $\boldsymbol{X}$ 与向量 $\boldsymbol{Y}$ 都是 $\boldsymbol{0}$ 的维度个数，M_{01} 代表向量 $\boldsymbol{X}$ 是 $\boldsymbol{0}$ 而向量 $\boldsymbol{Y}$ 是 $\boldsymbol{1}$ 的维度个数，M_{10} 代表向量 $\boldsymbol{X}$ 是 $\boldsymbol{1}$ 而向量 $\boldsymbol{Y}$ 是 $\boldsymbol{0}$ 的维度个数，M_{11} 代表向量 $\boldsymbol{X}$ 和向量 $\boldsymbol{Y}$ 都是 $\boldsymbol{1}$ 的维度个数。

（2）汉明距离。汉明距离表示两个（相同长度）字符串对应位置的不同字符的数量，是应用于数据传输差错控制编码的距离度量方式。具体计算方法为：对两个字符串进行异或运算，并统计结果为 1 的个数，即可得到汉明距离。我们也可以将汉明距离理解为两个等长字符串之中一个变为另外一个所需要的最少替换次数。

（3）杰卡德距离。杰卡德距离是指在两个集合 X、Y 中不同元素数量占两个集合并集元素数量的比例，用来衡量两个集合的区分度，其计算公式如下：

$$d(X, Y) = \frac{|X \cup Y| - |X \cap Y|}{|X \cup Y|}$$

（4）Dice 距离。Dice 距离是指在两个集合 X、Y 中不同元素数量占两个集合元素数量和的比例，用来度量两个集合 X、Y 的区分度，其计算公式如下：

$$d(X, Y) = 1 - \frac{2|X \cap Y|}{|X| + |Y|} = \frac{|X \cup Y| - |X \cap Y|}{|X| + |Y|} = \frac{|X \cup Y| - |X \cap Y|}{|X \cup Y| + |X \cap Y|}$$

从公式看，Dice 距离和杰卡德距离非常类似，杰卡德距离是在 Dice 距离的分母上减去了两个集合交集的势。

（5）Ochiia 距离。Ochiia 距离是指两个集合 X、Y 的交集大小与两个集合大小的几何平均值的比值，是余弦距离的一种形式，其计算公式如下：

$$d(X, Y) = 1 - \frac{|X \cap Y|}{\sqrt{|X| \times |Y|}}$$

2. 分类型数据分区相似性度量方法

给定数据集合 $S = \{O_1, O_2, \cdots, O_n\}$，存在两种数据划分或称数据分区：$X = \{x_1, \cdots, x_R\}$ 和 $Y = \{y_1, \cdots, y_C\}$，满足 $\bigcup_{i=1}^{R} x_i = S = \bigcup_{j=1}^{C} y_j$，$x_i \cap x_{i^*} = \varnothing = y_j \cap y_{j^*}$，其中 $1 \leqslant i \neq i^* \leqslant R$，$1 \leqslant j \neq j^* \leqslant C$，$R$、$C$ 分别表示 X、Y 中数据划分类别的数量。

对于上述 X、Y 两个数据分区的相似度计算涉及一系列的度量指标，这些指标计算具有非常接近的计算原理，因此我们统一将其称为相似性指数（Similarity Index，SI）。我们在计算相似性指数时，仅关心 X、Y 数据分区中各数据实体的划分类别，具体的数据值是无关紧要的，因此，在应用实践中，依据集合 S 中的数据对象顺序和 X、Y 中的数据划分类别，将 X、Y 转换为两个数据分区元组 P 和 Q，P、Q 中的元组元素数量和排列顺序与 S 相同，其元组元素的值分别表示该元素在数据分区 X、Y 中所属的划分类别标号或索引，例如，$S = \{O_1, O_2, O_3, O_4\}$，$X = \{\{O_1, O_2\}, O_3, O_4\}$，则 $P = (1, 1, 2, 3)$。两个数据分区 X 和 Y 之间的距离 $d(X, Y) = d(P, Q) = 1 - \mathrm{SI}(P, Q)$。下面我们统一针对数据分区元组 P、Q 的相似性指数 SI 来展开讨论。

为了便于计算两个数据分区 P 和 Q 的相似度，需要定义一个 $I \times J$ 大小的摘要表（也称为匹配矩阵）：

$$\boldsymbol{M} = \{m_{ij}\}$$

其中 $i = 1, \cdots, I$，$j = 1, \cdots, J$，I、J 分别为数据分区 P 和 Q 中的分区数量；数值 m_{ij} 指的是：对于同一样本集，属于数据分区 P 中第 i 类，同时又属于数据分区 Q 中第 j 类的样本总个数。

基于匹配矩阵 $\boldsymbol{M}$，定义指标 $m_{i+} = \sum_{j=1}^{J} m_{ij}$ 和 $m_{+j} = \sum_{i=1}^{I} m_{ij}$，分别表示矩阵 $\boldsymbol{M}$ 中第 i 行元素的和与第 j 列元素的和；定义指标 $m = \sum_{i=1}^{I} \sum_{j=1}^{J} m_{ij}$ 表示矩阵中所有元素的和。

进一步定义以下的 a、b、c、d 四个指标：

$$a = \sum_{i=1}^{I} \sum_{j=1}^{J} \binom{m_{ij}}{2} = \frac{1}{2} \sum_{i=1}^{I} \sum_{j=1}^{J} m_{ij}^2 - \frac{m}{2}$$

$$b = \sum_{i=1}^{I} \binom{m_{i+}}{2} - a = \frac{1}{2} \sum_{i=1}^{I} m_{i+}^2 - \frac{1}{2} \sum_{i=1}^{I} \sum_{j=1}^{J} m_{ij}^2$$

$$c = \sum_{j=1}^{J} \binom{m_{+j}}{2} - a = \frac{1}{2} \sum_{j=1}^{J} m_{+j}^2 - \frac{1}{2} \sum_{i=1}^{I} \sum_{j=1}^{J} m_{ij}^2$$

$$d = \binom{m}{2} - (a + b + c)$$

$$= \frac{1}{2} m^2 - \frac{1}{2} \left(\sum_{i=1}^{I} m_{i+}^2 + \sum_{j}^{J} m_{+j}^2 \right) + \frac{1}{2} \sum_{i=1}^{I} \sum_{j=1}^{J} m_{ij}^2$$

$$= M - \frac{1}{2}(p + q) + a$$

其中：$p = \sum\limits_{i=1}^{I} m_{i+}^2 - m$，$q = \sum\limits_{j=1}^{J} m_{+j}^2 - m$，$M = a+b+c+d = \binom{m}{2} = \dfrac{1}{2}m(m-1)$。

指标 a 表示任意两个数据点在两种划分中被划为一类的点对数。

指标 b 表示任意两个数据点在第一种划分中为一类，但是在第二种划分中不在同一类中的点对数。

指标 c 表示任意两个数据点在第二种划分中为一类，但是在第一种划分中不在同一类中的点对数。

指标 d 表示任意两个数据点在第一种划分和第二种划分中均不在同一类中的点对数。

以 $P=(1,1,1,2,2)$ 和 $Q=(1,1,2,2,2)$ 为例解释上述指标，在该示例的数据划分中，1 和 2 分别表示不同类标号，元组 P 被区分为两类，前三个元素为一类，后两个元素为另一类；元组 Q 的前两个元素为一类，后三个元素为另一类。

对于 a 而言，$P=(\boxed{1,1},1,2,2)$ 和 $Q=(\boxed{1,1},2,2,2)$、$P=(1,1,1,\boxed{2,2})$ 和 $Q=(1,1,2,\boxed{2,2})$，存在两对数据点在两种划分中都是同一类，所以 $a=2$。

对于 b 而言，$P=(1,\boxed{1,1},2,2)$ 和 $Q=(1,\boxed{1,2},2,2)$、$P=(\boxed{1},1,\boxed{1},2,2)$ 和 $Q=(\boxed{1},1,\boxed{2},2,2)$，存在两对数据点在第一种划分中为一类，在第二种划分中不是同一类，所以 $b=2$。

对于 c 而言，$P=(1,1,\boxed{1,2},2)$ 和 $Q=(1,1,\boxed{2,2},2)$、$P=(1,1,\boxed{1},2,\boxed{2})$ 和 $Q=(1,1,\boxed{2},2,\boxed{2})$，存在两对数据点在第二种划分中为一类，但在第一种划分中不是同一类，所以 $c=2$。

对于 d 而言，不存在任意两个数据点在第一种划分和第二种划分中均不在同一类中的情况，因此 $d=0$。

需要说明的是，同一类的意思是广义的，和具体分到哪一类没有关系，只要在同一类中就可以，例如 $P=(1,1,1,\boxed{3,3})$ 和 $Q=(1,1,2,\boxed{2,2})$，其中这对数据点仍然算作 a 内的数据点（在两种划分中被划为一类）。

基于以上相关指标，可以定义和计算一系列的数据分区相似性指数，如表 4-1 所示。

表 4-1 数据分区相似性指数一览表

序号	相似性指数(SI)名称	符号	计算公式	值域
1	Sokal and Michener，Rand	R	$\dfrac{a+d}{a+b+c+d}$	$[0,1]$
2	Hamann，Hubert	H	$\dfrac{a+d-(b+c)}{a+b+c+d}$	$[-1,1]$
3	Czekanowski，Dice，Gower and Legendre	CZ	$\dfrac{2a}{2a+b+c}$	$[0,1]$

续表

序号	相似性指数(SI)名称	符号	计算公式	值域
4	Kulczynski	K	$\frac{1}{2}\left(\frac{a}{a+b}+\frac{a}{a+c}\right)$	$[0,1]$
5	McConnaughey	MC	$\frac{a^2-bc}{(a+b)(a+c)}$	$[-1,1]$
6	Peirce	PE	$\frac{ad-bc}{(a+c)(b+d)}$	$[-1,1]$
7	Fowlkes and Mallows，Ochiai	FM	$\frac{a}{\sqrt{(a+b)(a+c)}}$	$[0,1]$
8	Wallace（1）	W1	$\frac{a}{a+b}$	$[0,1]$
9	Wallace（2）	W2	$\frac{a}{a+c}$	$[0,1]$
10	Gamma	Γ	$\frac{ad-bc}{\sqrt{(a+b)(a+c)(c+d)(b+d)}}$	$[-1,1]$
11	Sokal and Sneath	SS1	$\frac{1}{4}\left(\frac{a}{a+b}+\frac{a}{a+c}+\frac{d}{d+b}+\frac{d}{d+c}\right)$	$[0,1]$
12	Baulieu	B1	$\frac{\left(\frac{m}{2}\right)^2-\left(\frac{m}{2}\right)(b+c)+(b-c)^2}{\left(\frac{m}{2}\right)^2}$	$[0,1]$
13	Russel and Rao	RR	$\frac{a}{a+b+c+d}$	$[0,1]$
14	Fager and McGowan	FMG	$\frac{a}{\sqrt{(a+b)(a+c)}}-\frac{1}{2}\sqrt{(a+b)}$	$[-0.5,1)$
15	Pearson	P	$\frac{ad-bc}{(a+b)(a+c)(c+d)(b+d)}$	$[-1,1]$
16	Baulieu	B2	$\frac{ad-bc}{\left(\frac{m}{2}\right)^2}$	$[-0.25,0.25]$
17	Jaccard	J	$\frac{a}{a+b+c}$	$[0,1]$
18	Sokal and Sneath	SS2	$\frac{a}{a+2(b+c)}$	$[0,1]$
19	Sokal and Sneath，Ochiai	SS3	$\frac{ad}{\sqrt{(a+b)(a+c)(d+b)(d+c)}}$	$[0,1]$
20	Gower and Legendre，Sokal and Sneath	GL	$\frac{a+d}{a+\frac{1}{2}(b+c)+d}$	$[0,1]$
21	Rogers and Tanimoto	RT	$\frac{a+d}{a+2(b+c)+d}$	$[0,1]$
22	Goodman and Kruskal，Yule	GK	$\frac{ad-bc}{ad+bc}$	$[-1,1]$

为了减少不确定因素的影响，上述的相似性指数可以通过修正计算得到校正相似性指数（Correction Similarity Index，CSI），校正计算公式如下：

$$\text{CSI} = \frac{\text{SI} - E(\text{SI})}{1 - E(\text{SI})}$$

指数的条件期望 $E(\text{SI})$ 通过计算匹配矩阵 $\boldsymbol{M}$ 中固定边际计数的条件期望值而得。例如 Rand 指数的条件期望 $E(R)$ 计算公式如下：

$$E(R) = E\left(\sum_{i=1}^{I}\sum_{j=1}^{J} m_{ij}^2\right) = \frac{\sum_{i=1}^{I}\sum_{j=1}^{J} m_{i+}^2 m_{+j}^2}{m(m-2)} + \frac{m^2 - \left(\sum_{i=1}^{I} m_{i+}^2 + \sum_{j=1}^{J} m_{+j}^2\right)}{m-1}$$

数值属性刻画的对象相似性一般是先计算相异性度量值，然后转换为相似性度量值，对象间相异性主要采用规范化后的距离测度进行度量，距离测度包括欧几里得距离、曼哈顿距离、闵氏距离、马氏距离等。

对于结构化数据，元组间的相似性度量表现为元组间属性值的相似性度量。依据不同类型属性值的相似性度量方法的差异，可将基本类型的相似性度量方法区分为标称、二元、数值、序数和字符串等单类型属性的相似性度量以及混合属性的相似性度量。

（1）单类型属性的相似性度量。

二元属性（Binary Attribute）只有两个类别或状态：0 或者 1。二元属性所刻画的对象之间的相似性通过计算二者的匹配系数进行度量。假定对象 i 和 j 之间正匹配（状态值为 1）的状态数目为 $\text{counts}_{\text{p-matching}}$，负匹配（状态值均为 0）的状态数目为 $\text{counts}_{\text{n-matching}}$，不匹配（两个状态值不相等）的状态数目为 $\text{counts}_{\text{unmatching}}$，两个对象的相似度可按以下公式计算：

$$\text{sim}(i, j) = \frac{\text{counts}_{\text{p-matching}} + \text{counts}_{\text{n-matching}}}{\text{counts}_{\text{p-matching}} + \text{counts}_{\text{n-matching}} + \text{counts}_{\text{unmatching}}}$$

在军事训练演习实体相似性度量中，需要考虑对称和非对称两类二元属性，对称二元属性的两个状态具有同等价值和相同权重，并具有恒定的相似度，如人员性别等。对称二元属性的相似度计算基于上述公式计算。非对称二元属性的两个状态重要性不同，比较重要的（通常出现概率较低）的属性值编码为 1，例如，是否发现目标等特征。由于通常并不关心不重要状态的匹配情况，因此，针对非对称二元属性利用上述公式进行相似性度量时，$\text{counts}_{\text{n-matching}}$ 置为常数 0。

数值属性（Numeric Attribute）是定量的，用整数或实数值表示。数值属性可以是区间标度的，也可以是比率标度的。

标称属性（Nominal Attribute）表示一些符号或事物名称的值，属性中的每个值代表某种类别、编号或状态，其值域同时是可数的。在针对军事训练演习实体的标称属性进行相似性度量时，为方便计算，采用重编码方法，将类别值转换为多个二元状态，若某个类别值出现，则编码为 1，否则为 0，然后采用上述对称二元属性相似性计算公式进行度量。

序数属性（Ordinal Attribute）类似于标称属性，但是其状态是排序的，序数属性值的相对顺序是重要的，而其实际的大小则不重要。针对序数属性的实体相似性度量可采用第 3.3.2 小节介绍的方法，先将其变换为数值属性，然后再进行计算。

字符串属性（String Attribute）也类似于标称属性，但其值域是不可数的，因此不能采用标称属性的相似性度量方法，而采用编辑距离或最长公共子序列等测度。编辑距离只适应于字符串数据的相似性度量，是指将字符串 x 向字符串 y 转换时所需的单字符插入或删除操作的最小数目。

为便于算法组织和相似性度量，对于标称属性和二元属性统一采用基于匹配的相似性度量方法，对于数值、序数和字符串等属性统一采用基于距离的相似性度量方法，但需要进行规范化处理，即将属性值域变换到[0,1]区间。同时，对于对象 i 和 j，约定sim(i,j)的取值为 1 表示二者最相似，0 则表示最不相似。

（2）混合属性的相似性度量。

如果数据属性由标称、二元、数值、字符串或序数等类型属性混合组成，需要将每个元组映射到单一空间 R^1 中，然后按照数值型属性进行集中的相似性度量。

假设某实体对象包含 p 个混合类型属性，$\text{sim}_{ij}^{(f)}$ 表示对象 i 和 j 之间针对单个属性 f 的相似度，$\delta_{ij}^{(f)}$ 表示指示项，则两个对象之间的相似性可采用以下公式计算：

$$\text{sim}_{\text{hybird}}(i,j) = \frac{\left(\sum_{f=1}^{p}(\delta_{ij}^{(f)}\,\text{sim}_{ij}^{(f)}+1)\right)}{\left(\sum_{f=1}^{p}\delta_{ij}^{(f)}+p\right)}$$

其中，如果对象 i 或对象 j 对应的属性 f 的值缺失或者为 0，或者属性 f 是非对称二元变量，则指示项 $\delta_{ij}^{(f)}=0$；否则，指示项 $\delta_{ij}^{(f)}=1$。$\text{sim}_{ij}^{(f)}$ 根据其类型按上述单类型属性的相似性度量方法计算。为了避免分母可能为 0 的情况，上述公式进行了拉普拉斯变换。

4.2.3　序列型数据的元组相似性度量方法

序列型数据指的是在不同时空维度上收集到的数据，用于反映某一事物或现象随时空变化的状态或程度。国家经济数据、音视频数据、文本数据、购物篮数据、股票数据、人或车辆轨迹等，都是典型的序列型数据。其中，轨迹数据是一种特殊的序列数据，是移动对象运动过程按时序进行采样的数据，主要包括采样点位置、时间、速度等，轨迹数据经噪声处理、停留点检测、轨迹的地图匹配和轨迹切分等预处理后，也可作为序列型数据进行相似性度量。序列型数据的相似性度量主要包括三大类：基于累积的距离（Accumulation Based Distance）、基于点的距离（Point Based Distance）和基于分段的距离（Segment Based Distance）。

1. 基于累积的距离

基于累积距离的序列相似性度量是指通过累积两个序列之间各元素的距离计算序列相似度，主要包括欧氏距离、动态时间规整（Dynamic Time Warping distance，DTW）、编辑距离（Edit Distance，Levenshtein Distance）、最长公共子串（Longest Common Sub-Sequence，LCSS）和哈罗-温克勒距离（Jaro-Winkler Distance）等。假设有两个序列或元组 $X=(x_1,x_2,x_3,\cdots,x_m)$ 和 $Y=(y_1,y_2,y_3,\cdots,y_n)$，维度 $m>n$，Head(X) 表示序列 X 的第一个元素，Rest(X) 表示序列 X 除去第一个元素外的其他元素组成的序列，dist$(x_i,y_j)=\|x_i-y_j\|_p$ 表示两个元素之间的距离，可采用闵氏类型度量等，给定同一序列中两个元素的间隔阈值 δ，以及不同序列中两个元素的距离阈值 ε，相关距离计算公式如

下所述。

（1）动态时间规整距离。

动态时间规整距离主要计算不均匀采样的序列型数据之间的相似度，相对于欧氏距离，动态时间规整通过微调序列、一点对多点的方法，实现数据点个数不同的两个时间序列之间的距离计算。动态时间规整距离的序列长度无限制，但是受"离群点"的影响较大。由于不符合三角形不等式，因此动态时间规整距离不是一个严格的距离度量。动态时间规整距离用 $d_{DTW}(X, Y)$ 表示，其定义如下：

$$d_{DTW}(X, Y)=\begin{cases} 0 & n=0 \text{ 且 } m=0 \\ \infty & n=0 \text{ 或 } m=0 \\ \text{dist}(\text{Head}(X), \text{Head}(Y))+\min\{d_{DTW}(X, \text{Rest}(Y)), \\ \quad d_{DTW}(\text{Rest}(X), Y), d_{DTW}(\text{Rest}(X), \text{Rest}(Y))\} & \text{其他} \end{cases}$$

动态时间规整距离可能会引起序列匹配的奇异问题（Singularities），即无法有效对齐两个序列中的波峰或波谷，为解决该问题，可引入导数动态时间规整距离（Derivative Dynamic Time Warping distance，DDTW），或者加权动态时间规整距离（Weighted Dynamic Time Warping distance，WDTW），分别用 $d_{DDTW}(X, Y)$ 和 $d_{wDTW}(X, Y)$ 表示，二者计算方法与 $d_{DDTW}(X, Y)$ 相同，区别在于在计算 $d_{DDTW}(X, Y)$ 时，$\text{dist}(\text{Head}(X), \text{Head}(Y))$ 不再是两点之间的距离，而是时序数据在两点处一阶导数差值的平方；在计算 $d_{wDTW}(X, Y)$ 时，$\text{dist}(\text{Head}(X), \text{Head}(Y))$ 采用加权距离度量：$\text{dist}(x_i, y_j)=\| w_{|i-j|}(x_i-y_j) \|_p$。

（2）编辑距离。

编辑距离也叫作 Levenshtein 距离，用于度量字符序列之间的差异度，指的是将一个字符串序列转换为另一个字符串序列所需的单字符编辑（插入、删除或替换）的最小数量。编辑距离用 $d_{ED}(X, Y)$ 表示，其定义如下：

$$d_{ED}(X, Y)=\begin{cases} \max(m, n), & \min(m, n)=0 \\ \min\{d_{ED}(\text{Rest}(X), Y)+1, \\ \quad d_{ED}(X_i, \text{Rest}(Y))+1, & \text{其他} \\ \quad d_{ED}(\text{Rest}(X), \text{Rest}(Y))+1_{(\text{Head}(X)\neq\text{Head}(Y))}\} \end{cases}$$

编辑距离也可以度量数值序列的差异度，称作实数序列编辑距离（Edit Distance on Real sequence，EDR），用 $d_{EDR}(X, Y)$ 表示，其定义如下：

$$d_{EDR}(X, Y)=\begin{cases} \max(m, n), & \min(m, n)=0 \\ \min\{d_{EDR}(\text{Rest}(X), Y)+1, \\ \quad d_{EDR}(X_i, \text{Rest}(Y))+1, & \text{其他} \\ \quad d_{EDR}(\text{Rest}(X), \text{Rest}(Y))+1_{(\text{dist}(\text{Head}(X), \text{Head}(Y))>\varepsilon)}\} \end{cases}$$

由于不符合三角形不等式，上述的编辑距离和实数序列编辑距离均非严格的距离度量。实数代价编辑距离（Edit distance with Real Penalty，ERP）集成了 DTW 和 EDR 的优点，并通过引入一个随机的固定参照点 g 来计算距离，满足三角不等式约束。因此，实数代价编辑距离是一个严格的距离度量，用 $d_{ERP}(X, Y)$ 表示，其定义如下：

$$d_{\mathrm{ERP}}(X,Y)=\begin{cases}\displaystyle\sum_1^n \mathrm{dist}(x_i,g), & \min m=0 \\[2mm] \displaystyle\sum_1^m \mathrm{dist}(y_i,g), & \min n=0 \\[2mm] \min\{d_{\mathrm{ERP}}(\mathrm{Rest}(X),\mathrm{Rest}(Y)+\mathrm{dist}(\mathrm{Head}(X),\mathrm{Head}(Y)), \\ \quad d_{\mathrm{ERP}}(\mathrm{Rest}(X),Y+\mathrm{dist}(\mathrm{Head}(X),g), & 其他 \\ \quad d_{\mathrm{ERP}}(X,\mathrm{Rest}(Y)+\mathrm{dist}(\mathrm{Head}(Y),g)\} \end{cases}$$

（3）最长公共子串。

最长公共子串又称作最长公共子序列，是指一个序列集合中（通常为两个序列）最长的子序列，用来度量两个序列的相似度。给定间隔阈值 δ，对于同一序列的两个元素 x_i、x_j，当 $|i-j|\leqslant\delta$ 时，最长公共子串用 $d_{\mathrm{LCSS}}(X,Y)$ 表示，其定义如下：

$$d_{\mathrm{LCSS}}(X,Y)=\begin{cases}0, & n=0\ 或\ m=0 \\[2mm] \max\{d_{\mathrm{LCSS}}(X+\mathrm{Rest}(Y)), \\ \quad d_{\mathrm{LCSS}}(\mathrm{Rest}(X)+Y)\}, & 其他 \\[2mm] 1+d_{\mathrm{LCSS}}(\mathrm{Rest}(X)+\mathrm{Rest}(Y)), & \mathrm{dist}(\mathrm{Head}(X),\mathrm{Head}(Y))\leqslant\varepsilon \end{cases}$$

如果点之间距离足够近（小于距离阈值），则认为是同一个点，距离加 1；如果距离不足，则直接取加点前的最大距离即可，因此，离群点的影响被弱化了。序列元素可以按照给定的间隔阈值进行选取，前后两个元素无须位置连续，因此有可能跳过离群点，能够在一定程度上解决动态时间规整距离等度量对噪声点敏感的问题，鲁棒性较好，缺点是不太容易确定相关阈值。

（4）哈罗-温克勒距离。

当两个字符序列比较短的时候，可以考虑采用哈罗-温克勒距离，其计算公式如下：

$$d_{\mathrm{JWD}}=\begin{cases}1, & m=0 \\[2mm] 1+\dfrac{l*p-1}{3}\left(\dfrac{m}{|X|}+\dfrac{m}{|Y|}+\dfrac{m-t}{m}\right), & 其他 \end{cases}$$

其中，$|X|$ 或 $|Y|$ 是表示字符串序列的长度；m 是匹配窗口中匹配字符的累积数量；t 是字符转换的次数；l 是字符串公共的前缀长度，最大值为 4；p 是一个常量因子，对于有公共前缀的分数会向上调整，p 不能超过 0.25，否则相似度会超过 1，常量 p 的默认值为 0.1。匹配窗口大小为 $\left\lfloor\dfrac{\max(|X|,|Y|)}{2}\right\rfloor-1$，仅当 x_i 和 y_j 相同，且距离 $|i-j|$ 不超过匹配窗口大小时，x_i 和 y_j 被认定为匹配字符。将两个字符序列匹配的字符进行比较，相同位置但字符不同的字符数除以 2 就是要转换的次数 t。

2. 基于点的距离

基于点的距离的序列相似性度量指的是，将两个序列中特定点对之间的距离作为序列的相似度。基于点的距离主要包括弗雷歇距离（Fréchet Distance）和豪斯多夫距离（Hausdorff Distance）等。

(1) 弗雷歇距离。

弗雷歇距离采用两个离散型序列或连续型曲线之间所有点对距离最大值的下确界度量序列或曲线的相似度，离散型序列的弗雷歇距离计算公式如下：

$$d_F(X, Y) = \begin{cases} \max_{1 \leqslant i \leqslant m} \text{dist}(x_i, y_1), & n=1 \\ \max_{1 \leqslant j \leqslant n} \text{dist}(x_1, y_j), & m=1 \\ \max\{\text{dist}(\text{Head}(X), \text{Head}(Y)), \min\{ \\ \quad d_F(\text{Rest}(X), Y), d_F(X, \text{Rest}(Y)), & \text{其他} \\ \quad d_F(\text{Rest}(X), \text{Rest}(Y))\}\} \end{cases}$$

对于连续型曲线而言，设 X 和 Y 是度量空间 S 上的两条连续曲线，即 $X: [0,1] \rightarrow S$，$Y: [0,1] \rightarrow S$；又设 α 和 β 是单位区间的两个重参数化函数，即 $\alpha: [0,1] \rightarrow [0,1]$，$\beta: [0,1] \rightarrow [0,1]$，则曲线 X 和曲线 Y 的弗雷歇距离定义如下：

$$d_F(X, Y) = \inf_{\alpha, \beta} \max_{t \in [0,1]} \{\text{dist}(X(\alpha(t)), Y(\beta(t)))\}$$

其中，$\text{dist}(\cdot, \cdot)$ 是 S 上的度量函数。

(2) 豪斯多夫距离（Hausdorff Distance）。

豪斯多夫距离采用两个序列中所有点对中最近距离的最大值来度量序列相似度。豪斯多夫距离定义如下：

$$d_H(X, Y) = \max\{h(X, Y), h(Y, X)\}$$

其中，$h(X, Y) = \max_{x \in X}\{\min_{y \in Y} \text{dist}(x, y)\}$，$h(Y, X) = \max_{y \in Y}\{\min_{y \in Y} \text{dist}(x, y)\}$。$d_H(X, Y)$ 称为双向豪斯多夫距离，$h(X, Y)$ 称为从序列 X 到序列 Y 单向豪斯多夫距离，相应地，$h(Y, X)$ 称为从序列 Y 到序列 X 的单向豪斯多夫距离。

3. 基于分段的距离

基于分段的距离的序列相似性度量指的是，采用序列中的点到另一个序列分段的距离来度量序列相似度。基于分段的距离主要包括单向距离（One Way Distance，OWD）、多线位置距离（Locality In-between Polylines，LIP）等。

(1) 单向距离。

单向距离指的是将一个序列视为离散点，另一条序列依据与离散点的最小距离相应拆分为不同轨迹段，取点和对应轨迹段形成的面积之和。

单向距离的定义如下：

$$d_{OWD}(X, Y) = \frac{1}{|X|} \int_{p \in X} \text{dist}(p, Y) \mathrm{d}p$$

其中，$|X|$ 表示序列 X 的长度，$\text{dist}(p, Y) = \min_{y \in Y} \| p - y \|_2$ 表示点 p 到序列 Y 的距离。由于单向距离是非对称的，因此，通常用 $\frac{1}{2}(d_{OWD}(X, Y) + d_{OWD}(Y, X))$ 来表示两个序列的典型距离。单向距离主要考虑两条轨迹围成的面积，当面积比较大时，说明轨迹之间距离较远，相似度就低；相反，若围成的面积为 0，则说明两条轨迹重合，相似度最高。

（2）多线位置距离。

多线位置距离采用两个序列中点围成的面积大小来定义序列相似度，其定义如下：

$$d_{\text{LIP}}(X, Y) = \sum_{\forall\, \text{polygon}_i} \text{Area}_i \cdot w_i$$

其中，Area_i 表示第 i 个多边形面积，对应权重 w_i 定义如下：

$$w_i = \frac{\text{Length}_X(I_i, I_{i+1}) + \text{Length}_Y(I_i, I_{i+1})}{\text{Length}_X + \text{Length}_Y}$$

I_i 表示两个序列形成轨迹的第 i 个交点。图 4 - 4 为多线位置距离计算方法示意图，该距离为每个区域面积与其权重乘积之和。

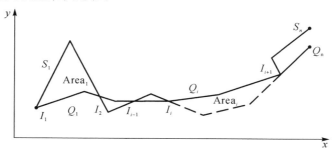

图 4 - 4　多线位置距离计算方法示意图

当所有多边形面积均为 0 时，说明两条序列轨迹重合没有缝隙，多线位置距离为 0；当所有多边形面积加权和大时，说明两条序列轨迹之间缝隙较大，多线位置距离也较大。此外，权重由区域周长占总长比重来确定，也一定程度降低了噪声点的干扰。

4.2.4　概率分布型数据的元组相似性度量方法

在欧式空间中，对于两个概率分布 p 和 q，其中 p 表示真实分布，q 表示非真实分布，二者之间的相似性度量主要有交叉熵（Cross Entropy）、F-散度（F-Divergence）、布雷格曼散度（Bregman Divergence）、瓦瑟斯坦距离（Wasserstei Distance）、巴氏距离（Bhattacharyya Distance）和最大均值差异（Maximum Mean Discrepancy，MMD）等。概率分布型数据的元组相似性度量方法更多应用于机器学习的损失函数定义。

1. 交叉熵

交叉熵用来衡量在给定的真实分布下，使用非真实分布所指定的策略消除系统的不确定性所需要的信息量。对于离散概率分布，交叉熵计算公式如下：

$$H(p, q) = -\sum_{i=1}^{n} p_i \text{lb} q_i = \sum_{i=1}^{n} p_i \text{lb} \frac{1}{q_i}$$

对于连续概率分布，交叉熵计算公式如下：

$$H(p, q) = E_p[\text{lb} q] = -\int_x p(x) \text{lb} q(x) \mathrm{d}x$$

2. F-散度

F-散度系列度量主要用来衡量给定真实概率分布 p，使用非真实概率分布 q 去逼近 p，

所需的平均信息量。F-散度的计算公式定义如下:

$$D_F(p \parallel q) = \int q(x) f\left(\frac{p(x)}{q(x)}\right) \mathrm{d}x$$

其中,函数 $f(x)$ 必须是一个凸函数且满足 $f(x)=0$。

当 $f(x)$ 取不同的值时,F-散度则形成总变差、KL 散度等不同的距离。不同的 F-散度的具体定义如表 4-2 所示。

表 4-2　不同的 F-散度的具体定义

名　称	计算公式	对应的 $f(x)$
总变差	$\frac{1}{2}\int \mid p(x) - q(x)\mid \mathrm{d}x$	$\frac{1}{2}\mid x - 1\mid$
KL 散度	$\int p(x)\mathrm{lb}\frac{p(x)}{q(x)}\mathrm{d}x$	$x\mathrm{lb}x$
逆 KL 散度	$\int q(x)\mathrm{lb}\frac{q(x)}{p(x)}\mathrm{d}x$	$-\mathrm{lb}x$
Pearsonχ^2	$\int q(x)\mathrm{lb}\frac{q(x)}{p(x)}\mathrm{d}x$	$\frac{(1-x)^2}{x}$
Neymanχ^2	$\int \frac{(q(x)-p(x))^2}{p(x)}\mathrm{d}x$	$(x-1)^2$
Hellinger 距离	$\int (\sqrt{p(x)} - \sqrt{q(x)})^2\mathrm{d}x$	$(\sqrt{x}-1)^2$
Jeffrey 距离	$\int (p(x) - q(x)\mathrm{lb}\left(\frac{p(x)}{q(x)}\right))\mathrm{d}x$	$(x-1)\mathrm{lb}x$
JS 散度	$\frac{1}{2}\int \left(p(x)\mathrm{lb}\frac{2p(x)}{p(x)+q(x)} + q(x)\mathrm{lb}\frac{2q(x)}{p(x)+q(x)}\right)\mathrm{d}x$	$-\frac{x+1}{2}\mathrm{lb}\frac{1+x}{2} + \frac{x}{2}\mathrm{lb}x$
α-散度	$\frac{4}{1-\alpha^2}(1 - \int p(x)^{\frac{1-\alpha}{2}}q(x)^{\frac{1-\alpha}{2}}\mathrm{d}x)$	$\frac{4}{1-\alpha^2}(1 - x^{\frac{1+\alpha}{2}})\ (\alpha \neq \pm 1)$

3. 布雷格曼散度

与 F-散度系列度量类似,布雷格曼散度也是一大类散度的通用表达形式,其通用计算公式定义如下:

$$D_F(p \parallel q) = f(p) - (f(q)) + \langle \nabla f(q), (p-q) \rangle$$

式中,f 是一个严格凸二次可微函数,$\nabla f(q)$ 表示函数 f 在 q 点的梯度,$p-q$ 表示两个向量的差,$\langle \nabla f(q), (p-q) \rangle$ 表示 $\nabla f(q)$ 和 $p-q$ 的内积,$f(q) + \langle \nabla f(q), (p-q) \rangle$ 表示函数 f 在 q 点附近的线性部分。布雷格曼散度是一个函数与该函数的一阶泰勒展开的线性近似之间的差。选取不同的 f 函数，可得到不同的布雷格曼散度。需要说明的是，这些散度既不满足三角形不等式，也不满足对称性。不同的布雷格曼散度如表 4 – 3 所示。

表 4 – 3　不同的布雷格曼散度

名　称	计 算 公 式	对应的 $f(x)$
平方损失（Squared Loss）	$(x-y)^2$	x^2
逻辑的回归损失（Logistic Loss）	$x\mathrm{lb}\left(\dfrac{x}{y}\right)+(1-x)\mathrm{lb}\left(\dfrac{1-x}{1-y}\right)$	$x\mathrm{lb}x+(1-x)\mathrm{lb}(1-x)$
Itakura-Satio 距离	$\dfrac{x}{y}-\mathrm{lb}\left(\dfrac{x}{y}\right)-1$	$-\mathrm{lb}x$
平方欧氏距离	$\|x-y\|^2$	$\|x\|^2$
马氏距离	$(\boldsymbol{x}-\boldsymbol{y})^T A(\boldsymbol{x}-\boldsymbol{y})$	$x^T A x$
KL 散度	$\displaystyle\sum_{j=1}^{d}x_j\,\mathrm{lb}\left(\dfrac{x_j}{y_j}\right)$	$\displaystyle\sum_{j=1}^{d}x_j\,\mathrm{lb}x_j$
广义 I-散度 （Generalized I-divergence）	$\displaystyle\sum_{j=1}^{d}x_j\mathrm{lb}\left(\dfrac{x_j}{y_j}\right)-\sum_{j=1}^{d}(x_j-y_j)$	$\displaystyle\sum_{j=1}^{d}x_j\,\mathrm{lb}x_j$

4. 瓦瑟斯坦距离

瓦瑟斯坦距离也被称为推土机距离（Earth Mover's Distance，EMD），用来度量把数据从原始分布 p 移动变换为目标分布 q 时所需移动的平均距离的最小值。需要说明的是，瓦瑟斯坦距离可以度量离散分布与连续分布之间的差异，也可以解决原始分布 p 与目标分布 q 完全没有重叠的情况（此时，KL 散度、JS 散度等均无法计算）。瓦瑟斯坦距离计算公式如下：

$$D_{\mathrm{w}}(p\|q)=\inf_{\gamma\sim\prod(p,q)}E_{x,y\sim\gamma}\left[\|x-y\|\right]$$

其中，$\prod(p,q)$ 表示分布 p 和 q 组合起来的所有可能的联合分布的集合。对于每一个可能的联合分布 γ 可以从中采样 $(x,y)\sim\gamma$ 得到一个样本 x 和 y，并计算出这对样本的距离 $\|x-y\|$，所以可以计算该联合分布 γ 下，样本对距离的期望值 $E_{x,y\sim\gamma}[\|x-y\|]$。在所有可能的联合分布中能够对这个期望值取到的下界就是瓦瑟斯坦距离。用推土的方式理解就是，$E_{x,y\sim\gamma}[\|x-y\|]$ 是在 γ 这种路径规划下，把 p 这堆土移成 q 的样子的消耗，而瓦瑟斯坦距离就是在"最优路径规划"下的最小消耗。

5. 巴氏距离

巴氏距离（Bhattacharyya Distance）与衡量两个统计样品或种群之间重叠量的巴氏系数密切相关，巴氏系数用来测量两个相似样本分类的可分离性。离散型概率的巴氏系数定义如下：

$$\mathrm{BC}(p,q)=\sum\sqrt{p(x)q(x)}$$

连续型概率巴氏系数定义如下：

$$\mathrm{BC}(p,q)=\int\sqrt{p(x)q(x)}\,\mathrm{d}x$$

巴氏距离被定义为

$$D_B(p, q) = -\ln(\mathrm{BC}(p, q))$$

6. 最大均值差异

最大均值差异度量了在再生希尔伯特空间中两个分布的距离，是一种核学习方法。通过寻找在样本空间上的连续函数 $\phi: x \to R$ 随机投影后，分别求这两个分布的样本在 ϕ 上的函数值均值，最大均值差异的目标是寻找一个函数 ϕ，使得上述的均值差最大。最大均值差异定义如下：

$$D_{\mathrm{MMD}}(p, q) = \left\| \frac{1}{n} \sum_{i=1, x_i \sim p}^{n} \phi(x_i) - \frac{1}{m} \sum_{j=1, x_j \sim q}^{m} \phi(x_j) \right\|_H$$

$$= \left\| \frac{1}{n^2} \sum_{i=1, x_i \sim p}^{n} \sum_{i=1, x_i \sim p}^{n} k(x_i, x_i) - \frac{2}{nm} \sum_{i=1, x_i \sim p}^{n} \sum_{j=1, y_i \sim q}^{m} k(x_i, y_j) + \frac{1}{m^2} \sum_{j=1, y_j \sim q}^{m} \sum_{j=1, y_j \sim q}^{m} k(y_j, y_j) \right\|_H$$

式中，H 表示采用该距离是由 ϕ 函数将数据映射到再生希尔伯特空间中进行度量的，$k(\cdot, \cdot)$ 表示核函数，通常采用高斯核函数。

4.2.5　混合属性的元组相似性度量

混合属性的元组指的是数据属性由标称、二元、数值、字符串或序数等类型属性混合组成，需要将每个元组映射到单一空间 R^1 中，然后按照数值型属性进行集中的相似性度量。

假设某实体对象包含 p 个混合类型属性，$\mathrm{sim}_{ij}^{(f)}$ 表示对象 i 和 j 之间针对单个属性 f 的相似度，$\delta_{ij}^{(f)}$ 表示指示项，则两个对象之间相似性可采用以下公式计算：

$$\mathrm{sim}_{\mathrm{hybird}}(i, j) = \frac{\sum_{f=1}^{p} (\delta_{ij}^{(f)} \mathrm{sim}_{ij}^{(f)} + 1)}{\sum_{f=1}^{p} \delta_{ij}^{(f)} + p}$$

其中，如果对象 i 或对象 j 对应的属性 f 的值缺失或者为 0，或者属性 f 是非对称二元变量，则指示项 $\delta_{ij}^{(f)} = 0$；否则，指示项 $\delta_{ij}^{(f)} = 1$。$\mathrm{sim}_{ij}^{(f)}$ 根据其类型按上述单类型属性的相似性度量方法计算。为了避免分母可能为 0 的情况，上述公式进行了拉普拉斯变换。

4.3　局部敏感哈希

如上所述，海量数据元组归约的另一个关键问题就是如何解决大范围数据的搜索问题，为将全局搜索转换为局部搜索，本节采用基于局部敏感哈希(Local-sensitive Hashing, LSH)技术对待归约元组进行索引优化。LSH 技术以概率的方法保证生成的数据候选集的相似性，且规模远小于原始数据集，从而降低元组的搜索空间，缩小相似度匹配范围，减少相似性计算的代价。

4.3.1　局部敏感哈希的基本原理

局部敏感哈希是一种针对大规模数据的索引构建与快速相似性检索技术，通过 K 近邻或近似近邻来实现。局部敏感哈希的基本思想是利用多个随机哈希函数,保证相似的数据能以较高的碰撞概率哈希到相同的冲突桶中,为数据集建立索引。相似性度量时,利用相同的哈希函数将查询的数据对象哈希到冲突桶中,并将该桶中的数据对象构成候选集合,然后在该候选集合上进行查询对象的相似性计算,这样就避免了与数据集的逐个比较,大大降低了数据的检索空间和时间,提高了查询效率。下面给出近似最近邻搜索以及 LSH 函数两种形式的定义。

定义 4-1　(1+ε)-近似最近邻搜索(Approximate Nearest Neighbor Search)

给定空间 R^d 的一个数据元组集合 $D=\{p_1, p_2, \cdots, p_n\}$,以及一个松弛变量 $\varepsilon>0$,D 中每个元素表示为 d 维向量。对于空间 R^d 中的一个待匹配元组 q,以及数据元组集合中任意元素 $u \in D$,其(1+ε)-近似最近邻 v 满足:$d(v, q) \leqslant (1+\varepsilon)d(u, q)$。

近似最近邻 v 到 q 的距离最多不超过 q 与 D 中任意元素距离的 $1+\varepsilon$ 倍,$1+\varepsilon$ 叫作近似因子(Approximate Factor),代表了近似程度。

定义 4-2　LSH 依赖于这样一个哈希函数族 H,如果函数族 H 中的哈希函数满足以下的条件:

(1) 若 $d(x, y) \leqslant r_1$,则 $p[h(x)=h(y)] \geqslant p_1$;

(2) 若 $d(x, y) \geqslant r_2$,则 $p[h(x)=h(y)] \leqslant p_2$。

其中,$0<r_1<r_2$,r_1、r_2 是某度量空间下进行相似性度量 $d(x, y)$ 的两个距离;h 是一判定函数,通常是对输入的数据项求哈希值,$h(x)=h(y)$ 表示 x 与 y 的哈希值相等;$p[]$ 是概率函数,表示 x 与 y 哈希值相等的概率;p_1、p_2 为常数且 $0<p_1<p_2<1$,则称函数族 F 为 (r_1, r_2, p_1, p_2)-位置敏感哈希函数族。

图 4-5 为 (r_1, r_2, p_1, p_2)-敏感函数族中(在给定判定函数的情况下)判断两输入项是否为相似项的期望概率情况,两输入项之间的相似性概率随着度量距离的增大而减小。

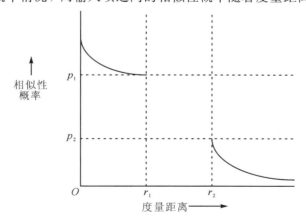

图 4-5　相似性概率与度量距离之间的关系

可见,LSH 技术反映了数据的"相似度"随测度距离的变化,距离越小,相似度越高,反之亦然,从定性的角度体现了其"位置敏感"特性。

定义 4-3　对给定数据对象集合 S 和集合 S 上的局部敏感哈希函数族 H,以及任意数据对象 $x, y \in S$,满足公式:

$$p_{\forall h \in H}[h(x) = h(y)] = \text{sim}(x, y)$$

其中，$\text{sim}(x, y)$是数据对象x与y之间的相似度。

由以上两种形式的定义可知，该位置敏感函数是基于数据元组表示的数据点之间距离的函数，数据点x和y的碰撞概率随着它们之间的距离递减，这样，保证相似的数据对象（距离较近的点）被散列到同一个桶中的概率大于不相似的数据对象（距离较远的点）。定义4-2通过设定阈值对数据哈希后的碰撞概率；定义4-3直接使用哈希值相等的概率来估计相似度。

4.3.2 局部敏感哈希函数构造

不同的数据对象集合S，距离度量或相似性度量方式不同，对应的LSH函数设计也不同，主要包括基于海明距离、余弦系数、Jaccard系数、欧氏距离等不同距离或相似度量下的LSH函数族。例如，基于余弦系数的LSH哈希函数族被定义为向量内积的符号函数$\text{sgn}(x)$，用于计算向量之间的余弦相似度，又称随机投影LSH，其中数据对象表示为单位球向量集合。

从LSH函数定义及表示可看出，仅通过一个哈希函数进行映射处理，会产生大量不相似对象哈希到同一个桶中的情况，并不能解决实际问题。通常，为保证相似项比不相似项以更高的概率哈希到同一个"哈希桶"中，将一系列哈希函数集合构成哈希函数族，利用这些函数的组合更有效进行"相似度"的区分。下面引入两种哈希函数的两种基本的函数构造方法来提高LSH技术的效果——"与构造"（AND-construction）和"或构造"（OR-construction）。

定义4-4 "与构造"是从F中随机、独立选择k个成员函数f_i，构成LSH函数组$(f_1, f_2, \cdots, f_k)$，当且仅当对所有$f_i(i = 1, 2, \cdots, k)$，$f_i(x) = f_i(y)$成立时，有$f(x) = f(y)$。由此，可构造为(d_1, d_2, p_1^k, p_2^k)-敏感哈希函数族F。

定义4-5 "或构造"形成的是$(d_1, d_2, 1-(1-p_1)^L, 1-(1-p_2)^L)$-敏感的函数族$F$，是从$F$中随机、独立选择$L$个成员函数$f_i$，构成LSH函数组$(f_1, f_2, \cdots, f_L)$，当且仅当至少存在一个或多个$f_i(i = 1, 2, \cdots, L)$使得$f_i(x) = f_i(y)$成立时，有$f(x) = f(y)$。

例如，基于Jaccard系数的Min-hashing局部敏感哈希就是将特征矩阵（k行）划分为b个子矩阵，其中每个子矩阵包括r行，即$k = b \times r$。对于每一列，将r个哈希函数值的连接键散列到"哈希桶"，这就是"与构造"，该方法连接r个哈希函数值构成连接键，使得若两列相似性较高，则该r个哈希值组成的哈希键相等的概率较高。同时，为提高经过r次Min-Hashing处理哈希值相等的概率，只要b组中的任意一组中由r个哈希值组成的哈希键相等，则认为两列相似性较高，划分为候选对象，这就是"或构造"。

同时注意到，"与构造"降低了所有的概率，容易增大"假阴"的概率，但如果能够合理选择F'、k，就能使得小概率p_2非常接近于0，同时大概率p_1显著偏离0；而"或构造"提升了所有的概率，容易增大"假阳"的概率，但如果能够合理选择F'、L，就能使大概率p_1非常接近于1而小概率p_2有界远离1。因此，选择合理数目的"与构造"和"或构造"进行任意次序的串联形成新的LSH函数族，这样就使p_1接近于1而p_2接近于0，更好地将相似项与非相似项进行"分离"。当然，使用的构造数目越多，最终的哈希函数族越好，但这同时增加了处理与计算时间，所以应该合理选择函数的构造。

综上所述，局部敏感哈希是一种空间搜索优化策略，同时也是一种有效的降维技术，它可以为海量高维数据建立高效的索引结构，提高系统的响应时间，是一种以精度换时间的空间搜索局部优化方法。从空间复杂度进行分析，这种 R - NN 的数据结构需要 $O(nL)$ 的内存空间，这是由于每个哈希表（共有 L 个哈希表）需要存储大小为 n 的数据集。因此，该方法的空间复杂度依赖于原始数据集的大小和哈希表数目的大小。从时间复杂度来看，这种方法耗时主要集中在利用 LSH 构建索引机制的过程，时间消耗为 $O(dkL)$，其中 d 为数据向量空间的维度，k 为每个哈希函数组需要的哈希函数个数。利用该索引进行数据元组相似匹配的时间仅为数据集大小 n 的次线性函数。

4.4　基于局部敏感哈希的海量数据元组归约

基于局部哈希技术进行大数据元组归约主要采用过滤和验证两个阶段。在过滤阶段，利用哈希技术在一定程度上把大量、不相似的数据对象过滤掉，使相对少量、相似的数据对象以很高的概率留在"候选集"，然后再在候选集上进行实际的相似性度量。

4.4.1　基于 p -稳态分布 LSH 海量非结构化数据元组归约

一种简单而又有效的非数据归约方法是基于数据对象的对外部属性进行冗余检测。例如针对海量图像库，可以利用图像的标签、描述文字等文本信息为图像建立索引，并进行相似性图像检测。这种基于文本的图像检测方法可以充分利用文本搜索引擎的技术，根据文本信息对图像建立倒排索引，能够在一定程度上有效处理海量图像。但是，这种基于数据外部属性的相似性检测方法存在很大的缺陷，因为其并不考虑数据本身的内容。对于图像而言，它完全依赖于图像关联的文字信息以及图像内容的相关性。在实际工作中，对大量图文声像进行人工标注通常是不现实的，因而严重影响相似性检测的质量。

另一种方法是基于数据对象的内容进行冗余检测，该方法涉及数据内容的特征提取等预处理工作，具体过程表现为：首先对海量非结构数据进行预处理工作，具体包括数据集分析、特征提取与模型构建，将原始空间的数据转化为特征空间数据。例如对于字符串数据，使用 p - gram 集合表示字符串数据。然后，根据数据对象的不同，将特征空间的数据对象转化为向量空间的向量矩阵。该矩阵维数通常较高，直接进行相似性计算效率较低，因此，通过局部敏感哈希技术对数据进行处理，一方面使得高维特征空间转换为低维特征空间，另一方面保证原数据集中重复或相似数据对象以较高的概率散列到相同的"哈希桶"，而不相似的数据散列到不同的桶，从而快速获取重复或相似的数据候选集。然后，对数据对象候选集进行相似性度量，依据相似度阈值产生数据的相似集合。最后，对数据的相似集合进行聚类等过滤处理，从中筛选最具有代表性的数据对象，形成最终的数据归约集合。

由于非结构化数据特征向量具有天然的高维特性，因此，在高维欧式空间下，通常不易计算距离为 $d_1(d_2)$ 的两个点哈希到同一个桶中的概率 $p_1(p_2)$，只能确定概率随着距离的增加而减小，即对于任意满足 $d_1 < d_2$ 的距离以及任意维度的欧式空间存在具有（d_1，d_2，

p_1，p_2)-敏感哈希函数族。因此，本节引入一种基于 p-稳态分布的 LSH 哈希函数族，该方法特别适应于高维欧氏空间的映射处理，能很好地解决上述问题。

1. p-稳态分布 LSH

基于 p-稳态分布（p-state distribution）的 LSH 是一种适用于 $n(n \geqslant 2)$ 维欧式空间距离的哈希函数，下面给出 p-稳态分布的定义。

定义 4-6 对于实数集 R 上的一个分布 D，如果存在 $p > 0$，满足对任意 n 个实数 $(V_1, V_2, \cdots, V_n)$ 和 D 上的独立同分布变量 X_1，X，$\cdots$，X_n，随机变量 $\sum_i V_i X_i$ 和 $(\sum_i |V_i|^p)^{1/p} X$ 同分布，则称 D 为 p-稳态分布。对任何范数 l_p，$p \in (0, 2]$ 存在稳态分布。

对于 l_p 范数，$p = 1$ 时，密度函数为 $c(x) = \dfrac{1}{\pi} \dfrac{1}{1 + x^2}$ 的 Cauchy 分布为 1-稳定分布；$p = 2$ 时，密度函数为 $c(x) = \dfrac{1}{\sqrt{2\pi}} e^{-x^2/2}$ 的 Gaussian 分布（即正态分布）为 2-稳定分布。

基于 p-稳态分布原理构建 LSH 函数族如下：

$$H = \{h : h_i(v) \to U\}$$

其中，U 表示整数集合，哈希函数具体的形式表示为

$$h_{a,b}(\boldsymbol{v}) = \left\lfloor \frac{\boldsymbol{a} \cdot \boldsymbol{v} + b}{w} \right\rfloor$$

其中，$\boldsymbol{a}$ 为矢量空间 R^d 内服从 p-稳态分布的独立随机向量，b 为 $[0, w]$ 内的任一整数，$[\cdot]$ 为向下取整操作，这样哈希函数 $h_{a,b}(\boldsymbol{v})$ 将一个 d 维空间向量映射为一个整数。

哈希函数的几何解释如下：点积 $\boldsymbol{a} \cdot \boldsymbol{v}$ 将空间向量 v 映射为一条实线段，向量 $\boldsymbol{v}_2$ 的投影距离 $\boldsymbol{a}(\boldsymbol{v}_1 - \boldsymbol{v}_2) = \boldsymbol{a} \cdot \boldsymbol{v}_1 - \boldsymbol{a} \cdot \boldsymbol{v}_2$，服从 $\| \boldsymbol{v}_1 - \boldsymbol{v}_2 \|_p$ 的 p-稳态分布，其中 X 是服从 p-稳态分布的随机向量。然后将这条投影线段进行 w 等宽分割，则向量的哈希值就是它被映射到的线段。这样的哈希函数保持位置敏感的性质。设 $f_p(t)$ 代表 p-稳态分布的绝对值的概率密度函数，设 e 为向量 $(\boldsymbol{v}_1, \boldsymbol{v}_2)$ 的欧几里得距离，$e = \| \boldsymbol{v}_1 - \boldsymbol{v}_2 \|_p$，向量 $(\boldsymbol{v}_1, \boldsymbol{v}_2)$ 投影距离 $|\boldsymbol{a} \cdot \boldsymbol{v}_1 - \boldsymbol{a} \cdot \boldsymbol{v}_2|$ 与 eX 同分布，很容易得到距离为 e 的任意两点的碰撞概率 $P(e)$ 为

$$P(e) = P[h_{a,b}(\boldsymbol{v}_1) = h_{a,b}(\boldsymbol{v}_2)] = \int_0^w \frac{1}{e} f_p\left(\frac{t}{e}\right)\left(1 - \frac{t}{w}\right) dt$$

对于固定的参数 w，冲突概率 $P(e)$ 随 $e = \| \boldsymbol{v}_1 - \boldsymbol{v}_2 \|_p$ 单调递减，因此，哈希函数 $h_{a,b}(\boldsymbol{v})$ 为 (r_1, r_2, p_1, p_2)-位置敏感哈希函数族，其中，$r_2 = (1+c)r_1$，$p_1 = p(1)$，$p_2 = p(1+c)$。

2. 海量非结构化数据元组归约方法

基于 p-稳态分布 LSH 的海量非结构化数据归约流程如图 4-6 所示，构建 LSH 索引机制并进行数据归约的详细过程描述如下。

（1）海量非结构化数据特征建模。

针对海量非结构化数据，首先对数据集的存储模式进行分析，并通过提取特征构造其特征表示模型，在本节研究中，其特征表示模型为第 2.4.2 小节介绍的向量空间模型（VSM），从而将非结构化的数据转化为可直接处理的结构化模式。这样数据之间的相似性

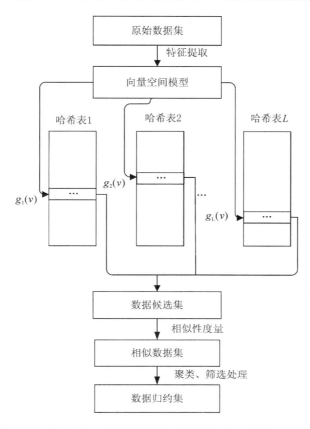

图 4 - 6　基于 LSH 的海量非结构化数据归约过程图

问题转化为特征表示模型的相似性问题。在构建的向量空间模型中，一个 n 维向量表示 n 个特征，并指向一个独立的非结构化文件。

例如，对于海量图像的处理，由于相似图像存在整体相似（主要指质量、分辨率不同的一组同源图像）和局部相似（主要指出现相同人物、场景、物体的图像）两种情况，针对不同类型的相似图像，采用不同的特征抽取模式进行表示。对于整体相似图像，可以使用 Haar 方法进行特征提取；对于局部相似图像，采用 SIFT 方法抽取特征，形成特征向量。

对于海量文档，首先对文本进行预处理，包括文档解析、分词、去停用词、特征量化等处理，形成文档集的特征向量，每个文本的特征词条即对应文本向量的一维。这样每个文档就可看为一组独立的 n 维特征向量。常选用文档的特征词频、词频-逆文档频率等来表示特征权值。

针对视频，其建模过程一般分为视频特征提取（例如提取图像的颜色、纹理、形状、运动特征等）、镜头分割（例如利用均值漂移聚类方法进行视频的镜头分割）、关键帧提取（例如利用视频图像的显著关键点提取镜头关键帧）等关键步骤，最终形成视频的特征表示模型。

（2）创建索引结构。

对于非结构化数据的特征向量空间模型，利用基于 p-稳态分布的 LSH 函数族为海量数据建立索引结构，使得相似程度高的数据以较高的概率散列到同一个"哈希桶"中。该索引结构由 b 个哈希表组成，每个哈希表由若干桶组成，桶的个数取决于文档集合大小和函数参数。

首先构造 L 个函数 $g_1(v)$，$g_2(v)$，$\cdots$，$g_L(v)$，其中 $g_b=(h_1^i，h_2^i，\cdots，h_k^i)(1\leqslant i\leqslant L)$，$v$ 表示每个数据在特征空间中所对应的点向量，$h_1^i，h_2^i，\cdots，h_k^i$ 分别是从局部敏感哈希函数族 H 中随机、独立地选出的哈希函数。需要说明的是，本节采用的哈希函数 $h_{a,b}(v)=\left\lfloor\dfrac{a\cdot v+b}{w}\right\rfloor$ 中，a 是一个 n 维向量，其中每个维度值 a_i 是服从一元高斯分布的随机变量值，w 则根据经验值设为 4，b 为 $[0,4]$ 的随机数，v 是待归约数据元组对应的某个 n 维向量。通过 k 个哈希函数 $h_{a,b}(v)$ 将原始向量空间从 n 维降为 k 维，在本节研究中 k 取 20 左右（根据实际应用情况调整），远小于 n（如，文档原始特征数量 n 通常超过 4 万，图像 SIFT 的特征数为 128 个）。然后构造 L 个哈希表，针对数据集合中的每个特征点，将其映射到每个哈希表中不同的桶中，则第 i 个哈希表中包含使用函数 $g_i(v)$ 散列得到的点。这样每个"哈希桶"中的数据为相似的，原始海量非结构化数据集的索引构建完成。

为获得期望的映射效果，需要拉大哈希表中相似点冲突的概率与不相似点冲突的概率之间的差距，以及提高经过相似点冲突的概率，进行哈希函数的"与构造"与"或构造"。首先，连接 k 个哈希函数形成哈希函数组，$G=\{g:S\rightarrow U^k\}$，其中 $g(v)=(h_1(v)，h_2(v)，\cdots，h_k(v))$，$h_t(v)(t=1，2，\cdots，k)$ 为随机独立选择的哈希函数。然后，随机均匀选择 L 个哈希函数组 g_i，将每个数据对象映射到每个哈希桶 $g_i(v)(i=1，2，\cdots，L)$ 中，这样每个哈希表中存放哈希值 $g_i(v)$ 以及对应的原数据信息。LSH 索引构建算法的伪代码如下：

算法 4-1　建立 p-稳态分布 LSH 索引(LSH-INDEX)

1　Input D(a set of points)
　　k(number of hash functions in each)
　　L(number of hash tables)，
2　Output Hash tables T_i，$i=1$，$\cdots$，L
3　Foreach $i=1$，$\cdots$，L
4　　Initialize $T_i=\varnothing$；
5　　Construct function　$g_i(\cdot)=(h_1(\cdot)，h_2(\cdot)，\cdots，h_k(\cdot))$by generating k random hash function $h(\cdot)$；
6　Endfor
7　Foreach $i=1$，$\cdots$，L
8　　Foreach $j=1$，$\cdots$，n
9　　　Map each point D_j onto bucket $g_i(D_j)$ of hash table T_i
10　　Endfor
11　Endfor
12　Return Hash tables T_i，$i=1$，$\cdots$，L(each table T_i contains D)

（3）生成相似数据元组候选集。

基于 LSH 构建的数据索引结构，能够保证相似的数据元组以较高的概率哈希到同一个桶中，对于每个待进行相似度匹配的数据 v，利用 LSH 哈希机制进行映射处理，快速定位与其相似的数据所在的"哈希桶"，即 $g_1(v)$，$g_2(v)$，$\cdots$，$g_L(v)$，取其并集，得到与数据 v

相似的候选集合。该数据候选集规模远小于原始数据集，且时间消耗极短。

索引结构构建完毕，接下来基于该索引结构进行相似性数据的检测。首先，基于索引机制查询检索对象所在的哈希桶，并将"哈希桶"中的数据对象作为候选集。该候选集可能存在"假阳"和"假阴"的现象，需针对候选集做进一步的相似性度量，采用近似最近邻技术形成数据的相似集合。通常，减少重复计算，将建立后的索引结构另存为索引文件，在进行相似性检测时重新加载索引文件即可。基于 LSH 索引的相似性检测伪代码如下：

算法 4－2　基于 LSH 索引的相似性检测(LSH-SD)

1　Input p(a query point from D)

　　ε(the relaxationvariable of approximate nearest neighbor)

2　Output approximate dataset H(the approximate nearest neighbors of q)

3　Initialize $A=\varnothing$, candidate dataset $H=\varnothing$,

4　Foreach $i=1$, …, L

5　　Access to hash tables T_i by the preprocessing algorithm;

6　　$A=A\bigcup\{$points found in bucket $g_i(p)$ of table $T_i\}$.

7　Endfor

8　foreach point i of candidate dataset H

9　　compute the "distance" of point i and query point q

10　　get the nearest neighbor of point q

10　Endfor

11　get the$(1+ε)$- approximate nearest neighbors of point q according to the "distance", and put them into approximate dataset H

12　return approximate dataset H

（4）数据元组相似性度量。

候选集中的数据大部分与检索数据 v 相似。当然，由于哈希函数选择的随机性以及哈希函数的近似近邻原理，在局部敏感哈希过程中不可避免地存在"假阳"和"假阴"数据的干扰现象，即相似的数据未被哈希到同一个桶中，不相似的数据误被哈希到同一个桶中，需要在上面生成的候选集合中进行局部的数据元组相似性度量，进一步从中筛选出相似程度较高的数据元组集合。

例如，若向量空间模型采用二进制向量，则基于海明距离进行数据 v 与候选集的相似性度量。若向量空间模型采用实数向量，则欧氏距离、余弦距离等是较好的相似性度量函数。本节采用余弦距离进行相似性度量。

（5）生成最终的归约元组集。

对于数据的相似性集合，需要从中选取较具代表性的数据，根据 LSH 近似近邻的思想，可以采用聚类方法(如 k-means)，并将聚类中心作为相似数据元组的代表，然后在数据集中剔除其余非代表元组，同时相应的文件也将被置为待删除标识，用于后期处理。这样从原始数据集中的剩余数据中选取数据元组不断进行迭代处理，直至原始数据集归约完毕。

基于 LSH 进行海量非结构化数据元组归约过程是一个迭代过程，其伪代码描述如下：

算法 4 - 3　基于 LSH 进行非结构化数据元组归约（MR-LSH）

1　Input　D(the set of massivetuples)
　　　　　ε(the relaxation variable of approximate nearest neighbor)
2　Output R(the set of reducedtuples)
　3　Initialize $R = \varnothing$
4　Construct LSH index I of massivetuples set D by Algorithm 4 - 1 LSH - INDEX(D)
5　Foreachtuple q of tuples set D
6　Get the similarity set S of q by Algorithm 4 - 2 LSH - SD(q, ε)
7　Select the representativetuple v form similarity set S by k - means
8　Delete $S - \{v\}$ formtuples set D
9　$R = R \cup \{v\}$
10　Until $D = \varnothing$
11　Return the reducedtuples set R

4.4.2　基于混合 LSH 海量结构化数据元组归约

在结构化数据中，依据数据记录之间的时序相关特征，可将数据区分为时序无关数据和时序相关数据两大类。

对于时序无关的关系型数据的元组归约，主要采用各个属性值之间的相似性度量方法进行冗余检测和处理。首先依据每个属性类型选定局部敏感哈希函数族，对于二元、标称属性，将这些属性值构建为 m 维向量空间，每个属性对应一个维度，选用面向 Jaccard 距离的最小哈希函数进行索引优化；对于数值类型属性，将相应的属性值构造为一个 n 维向量空间，每个属性对应一个维度，然后直接采用上述的 p-稳态分布的局部哈希函数。对于字符串类型属性采用 n-gram 特征提取的方法，构建特征向量，并针对每个属性采用一个哈希函数进行散列处理，在此基础上进行元组的索引优化和归约处理。

对于时序相关的关系型数据，例如同一作战实体的多个机动轨迹数据，其数据的表示模型（或称模式表示）比较复杂，包括频域表示模型、分段性表示模型以及奇异值表示模型等。假定 w 是时序数据的模式，$f(w)$ 是时序数据的特定模式表示，$e(t)$ 是时序数据与其模式表示之间的误差，则时序数据 $X = \{x_1, x_2, \cdots, x_n\}$ 可表示为 $X(t) = f(w) + e(t)$，$t = 1, 2, \cdots, n$。由此看来，时序相关的数据通常指的是单变量数据，每一个时刻的数据严格依赖前后时刻的数据，通常与子序列查询、相似序列匹配等应用相关，如心电图检测、实体机动轨迹匹配等。由于数据值按照时间顺序存在差异，且时间粒度多变，不能简单进行属性值的相似度匹配，需要进行特殊处理。本节提出一种解决方案：首先时间校准，统一时间粒度，然后计算样本距离，确定"不动点"和"重复运动点"，最后采用最大似然法判断其相似；另外还提出一系列基于时间校准与假设检验的多时间粒度时间序列相似性匹配算法。上述方法可以有效发现并解决"作战实体在静止状态下，由于定位装备的随机误差使得采集的位置数据存在差异，导致状态相同但数据不同"以及"作战实体的机动路线重复或交叉情况下，导致状态不同但数据相同"等问题。实验证明，这些算法计算简单，具有很好的鲁棒性、高性能，并支持增量计算，能较好地支持两个不同时间粒度时序数据的相似性度量，解决了由于弯曲、变形时间轴特征对于数据归约的影响问题。

严格来讲，上述的时序数据相似性匹配与本章研究的数据元组相似度匹配区别较大，时序数据的匹配指的是多个元素序列（单一类型）之间的相似性度量，而数据元组相似性匹配指的是多个元素集合（多种类型）之间的相似性度量。在本章研究的关系型数据元组归约中，可以根据用户指定的时序相关属性及其时戳属性，首先通过时序数据匹配，筛选出重复的时间序列数据，例如，确定冗余实体的机动轨迹；然后依据冗余数据的时戳值，进行初步的数据表记录级的过滤；最后在此基础上，采用时序无关的元组归约方法做进一步处理。下面主要阐述时序无关的结构化数据元组归约方法。由于我们采用了最小哈希函数和 p-稳态分布 LSH 族，因此，该方法被称为混合 LSH 方法。

1. 面向 Jaccard 系数的最小哈希函数

如前面内容所述，与杰卡德距离对应的 Jaccard 系数（又称 Jaccard 相似性系数），用来比较样本间的相似性和分散性的概率，它等于两个样本集合的交集与并集之比，因此也用来度量集合的相似性。

当面对较大规模的数据集合时，一种用于集合相似度计算的高效解决方法为最小哈希（Min-wise Hashing，Min-Hashing）。集合的最小哈希值和集合的 Jaccard 相似度之间具有等价关系，具体来说，两个集合经过随机排列转换后得到的两个最小哈希值相等的概率其实就是这两个集合的 Jaccard 相似度。

由此可见，最小哈希其实是一种最小独立置换技术，可面向 Jaccard 系数的集合相似度近似计算，主要通过在矩阵的行上定义随机顺序映射机制，进而估计集合的相似度。在计算集合的最小哈希值前，首先将多个数据集合表示为特征矩阵，每个数据集合即为特征矩阵的列向量；然后对矩阵的行向量进行随机置换，每个列向量最小哈希值为在置换序列中为 1 的第一行的索引值。

实际上，这种基于随机置换的计算代价较高，采用哈希函数来替代随机置换操作，将有效提高计算的效率，这种哈希函数就是最小哈希函数，基于最小哈希函数将特征矩阵的每一列转换为"签名"（Signature），即为最小哈希值。最小哈希函数的形式化表达如下：

给定哈希函数 $h: U \rightarrow Z$（U 表示集合，Z 表示整数集合），对集合元素 $s \in U$，其所对应的二元向量为 v，则 s 的最小哈希值为 $\mathrm{hash}(s) = \arg \min\{h(v^i)\}$，其中 v^i 为向量 v 的第 i 个值，且 $v[i] = 1$。

对于两个数据对象 x 和 y，二者之间的距离 $d = 1 - J(x, y)$。对任意 d_1, d_2，$0 \leqslant d_1 \leqslant d_2 \leqslant 1$，最小哈希函数族$(d_1, d_2, 1-d_1, 1-d_2)$-是敏感的。假设 F 是一个最小哈希函数族，具有$(0.2, 0.6, 0.9, 0.3)$-敏感性，则通过 4 路"与构造"和 4 路"或构造"得到的函数族 F_2 具有$(0.2, 0.6, 0.986, 0.032)$-敏感性，从而降低假阳率和假阴率。当然，相似性判定的计算时间也为构造前的 16 倍。

2. 海量结构化数据元组归约方法

结构化的关系型表格数据元组归约相对比较简单，下面简要介绍其流程和方法。

（1）关系型表格数据的转换。

对于二元、标称属性，将这些属性的属性值转换为二元变量集合，并表示为向量空间模型 M_1，该空间的维数为转换后的二元变量个数。需要说明的是，标称属性转换时，需要根据领域元数据和数据字典将原有值变换为新的二元属性，对其每个数据值进行重新独热（One-Hot）编码。需要特别说明的是，当标称属性存在概念层次时，属性值为 1 对应的上层概念属性值均设置为 1。例如，对人员类别重编码后，当"军官"或"文职干部"属性值为 1 时，则"干部"属性值也要取 1，装备类别重编码后，当"坦克"或者"装甲运输车"等属性值为 1 时，则上层概念"装甲车辆""地面武器平台"等属性值均取 1。该转换主要用于解决不同数据源采用不同层次概念对同一实体的属性进行标识而引起的相似性计算错误问题。

对于数值、序数类型属性，将每个的属性值进行归一化处理，并构造为一个向量空间 M_2，每个属性对应一个维度。

对于字符串型属性，采用 2-gram 提取字符串特征，然后构建简单的字符串特征向量，即某个 gram 在字符串中出现时，相应特征值取 1，否则取 0。每个字符串属性 i 构建一个矢量空间 $M_3^{(i)}$。

（2）创建索引结构。

依据每个属性类型选定局部敏感哈希函数族。对于二元类型的 M_1 选用面向 Jaccard 距离的最小哈希函数。函数的形式为 $h_i(x) = (\alpha x + \beta) \bmod n$，其中 α、β 为整数，n 为元组总数，x 为每个元组相应的行号，取值 0 到 n。

首先构造 L_1 个函数 $g_1(v), g_2(v), \cdots, g_{L_1}(v)$，其中 $g_b = (h_1^i, h_2^i, \cdots, h_k^i)(1 \leqslant i \leqslant L_1)$，$h_1^i, h_2^i, \cdots, h_k^i$ 分别是从上述最小哈希函数族 H 中随机、独立地选出的哈希函数。需要说明的是，由于军事训练演习关系型表格的属性一般不会很多，因此，当 k 大于 M_1 的维数时，索引空间的维数将增加，同时会增加计算时间。然后构造 L_1 个哈希表，针对数据集合中的每个特征点，将其映射到每个哈希表中不同的桶中，则第 i 个哈希表中包含使用函数 $g_i(v)$ 散列得到的点。这样每个"哈希桶"中的数据为近似相似的，原始海量结构化数据集中的二元属性对应的向量空间的索引构建完成。其索引构建的代码与第 4.4.1 小节中的代码相似，此处不再赘述。

对于数值类型的 M_2，直接采用上述的 p-稳态分布的局部哈希函数，构建的函数个数为 L_2。

对于字符串类型的 $M_3^{(i)}$，在哈希过程中采用上述的最小哈希函数，针对每个属性 i，构建的函数个数为 $L_3^{(i)}$。

（3）生成相似数据元组候选集及最终的归约元组集。

生成相似数据元组候选集与第 4.4.1 小节的非结构化数据元组处理方法相似，区别之处在于参与相似度匹配的哈希表为 $L_1 + L_2 + \sum_{1}^{i} L_3^{(i)}$ 个。

生成最终的归约元组集合也与 4.4.1 节相关内容相似，区别之处在于，在使用 k-means 聚类方法选择代表元组时，必须采用元组混合属性的相异性度量值 $1-\mathrm{sim}_{\mathrm{hybird}}(i,j)$ 表示数据对象之间的距离，$\mathrm{sim}_{\mathrm{hybird}}(i,j)$ 的计算方法见第 4.2.1 小节相关内容。

4.4.3　实验与结果分析

实验采用的系统环境为 Windows 10 旗舰版（64 位）操作系统、至强 CPU（Intel®，E2224G）、64GB 内存，算法支撑平台为 Matlab2008a。实验数据集分为两个，一个是图像数据集 D_1，主要用于测试非结构化数据元组归约；另一个是关系型数据集 D_2，主要用于测试结构化数据的元组归约。

对于数据集 D_1 的生成，本节选择 50 个某领域视频片段并将其转换为 avi 格式，利用 Matlab 中的 aviread 等函数进行编程，按每 30 帧随机提取一张图片并保存，针对每个视频片段生成的内容相似或相近的图片均通过人工标注，图片总数为 52000 张，冗余图片为 14000 张。然后使用尺度不变特征转换（SIFT）算法对所有图片进行特征提取，特征向量由极值点的位置、尺度和特征描述子等 128 位局部特征值组成，所有向量保存为 D_1 特征文件，特征文件中的每行由图片文件标识和相应的特征向量组成。

对于数据集 D_2，选用某领域实体状态信息表，该表中的实体状态信息来自各类模拟器材、训练信息系统公共平台、现场导调终端等，经过初步的模式集成，数据被集成到一个关系型数据表中，字段类型涵盖字符串、数值、标称、序数和二元类型，记录数目为 112000 条，由于实体信息来源复杂，数据表中存在实体标识及命名不统一，同一实体及其相似状态信息重复性高等问题，通过与前期校验后的数据进行对比，标注出重复记录 5500 条。实验前，首先对所有数据进行预处理，按上述方法将各个标称类型字段值重编码为二元属性值，将序数类型字段值重编码为数值类型值。

针对以上两个数据集进行两组实验。对于非结构化数据集 D_1，分别采用基于 p-稳态分布 LSH 和常用的基于 kd-tree 两种方法进行实验；对于结构化数据集 D_2，分别采用基于混合 LSH 的方法和传统的线性扫描两两匹配这两种方法进行实验，并对结果进行对比分析与评价。

数据归约实验中，相关参数取值分别如下：LSH 算法中参数 $k=20$，$L=40$，用于近似最近邻搜索的近似因子 $\delta=0.9$。

同时，为验证本章方法的有效性，实验分别从数据元组归约的响应时间、召回率和准确率等方面来对元组归约算法的效率与质量进行评估。其中，响应时间主要指索引建立完毕后基于索引的元组归约时间或基于传统两两匹配的元组归约时间。召回率指检测出的冗余数据（retrieval）中同人工标注冗余数据（similarity）相吻合的数据，所占人工标注冗余数据的比率。准确率指检测出的冗余数据中同人工标注冗余数据相吻合的数据，所占检测出的冗余数据的比率。召回率和准确率的公式分别为

$$召回率=\frac{|\mathrm{similarity}\cap\mathrm{retrieval}|}{|\mathrm{retrieval}|}$$

$$精确率=\frac{|\,similarity \bigcap retrieval\,|}{|\,similarity\,|}$$

元组归约实验结果见表 4 - 4。

表 4 - 4　元组归约实验结果

数据集	实验方法	响应时间/s	召回率/%	准确率/%
D_1	基于 kd-tree	36.29	78.8	80.5
	基于 LSH	6.28	83.6	89.1
D_2	基于线性扫描	11326.54	92.4	93.5
	基于混合 LSH	4.33	84.7	90.3

上述实验结果进行对比分析可得：从响应时间可以看出，基于本章方法进行元组归约的时间远远小于传统方法，很大程度上提高元组归约的效率，同时验证了 LSH 算法在针对大规模高维数据处理时所体现的高效性。从冗余数据的召回率和准确率来看，对于非结构化数据集 D_1，同常用的基于树结构(如 kd-tree)的索引方法相比，本节基于 LSH 算法进行的冗余检测保证了较好的召回率和准确率，元组归约质量更高；对于结构化数据集 D_2，基于 LSH 方法的召回率和准确率均低于传统的基于线性扫描方法，但相差幅度并不是很大，能够有效保证用户对元组归约质量的要求，同时这也在一定程度上体现了 LSH 算法的近似索引特性；且从响应时间来看，本节的方法要远远优于传统方法，能充分满足用户对数据处理的时间效率上的要求。综上分析，本节提出的元组归约策略与方法具有较高的实用性，能够有效去除冗余数据，为改善数据质量、降低时空代价提供了可行性。

本 章 小 结

本章着眼于海量数据的元组归约问题，围绕元组归约的相关技术以及涉及的数据存储模式及表示模型、关键算法、算法假设及优化策略等内容，分析了形成问题域、数据归约流程及算法的典型特征，并建立了相应的归约方法概念框架，为元组归约流程及算法的智能选择提供知识推理基础；分析了基本类型和结构类型的元组相似性度量方法，基于基本类型的相似性度量方法，可以实现关系型数据表中记录级归约；基于结构类型的相似性度量方法，实现了图文声像等非结构化数据基于内容的相似性计算；研究实现了基于 p-稳态分布局部哈希技术的海量非结构化数据的快速归约方法，该方法能够有效降低特征向量的搜索空间，缩小相似度匹配范围，减少相似性计算的代价，在实际应用中，根据用户指定的相似度阈值，能够在百万个文件中实现秒级的内容查重及处理，在此基础上也可采用数据压缩等重编码技术，大大减小了归档文件数据集的体量，节省了存储空间，提高了文档检索效率；研究实现了基于混合局部敏感哈希技术的海量结构化数据元组归约方法，该方法在时间序列数据匹配的基础上，将关系型数据表的标称属性值重编码为二元属性，将序数类型属性变换为数值类型，将字符串属性构造为二元矢量空间，然后分别采用最小哈希和

p-稳态分布局部哈希技术构建索引空间，最后在优化后的局部索引中进行相似性匹配及归约处理，在实际应用中采用该方法可实现重复实体数据的快速检测和冗余处理，也可实现多源数据集成过程中的实体对准和匹配。

参 考 文 献

[1]　INDYK P, MOTWANI R. Approximate nearest neighbors：Towards removing the curse of dimensionality. In：Proceedings of 30th ACM Symposium on Theory of Computing. New York：ACM Press,1998,604-613.

[2]　ANDONI　A. Nearest Neighbour Search：the old，the New，and the Impossible [M]. Massachusetts Institute of Technology，2010：69-74

[3]　CHARIKAR M S. Similarity estimation techniques from rounding algorilhms. In STOC，2002,380-388.

[4]　RICHTER L, LESKOVEC J, RAJARAMAN A，et al. Mining of Massive Datasets[J]. Cambridge，Cambridge University Press. Biometrics，2018，74（4）：1520-1521. DOI：10. 1111/biom. 12982.

[5]　INDYK P, DATAR M, IMMORLIEA N. Locality-SensitiveHashing scheme Based on p-Stable[C]. Annual Symposium on Computational Geometry,2004.

[6]　STOLLNITZ E J, DEROSE T D, SALESIN D H. Wavelets for computer graphics：A primer，Part I. IEEE Computer Graphics and Applications，1995，15(3)：76-84.

[7]　LOWE D G. Distinctive image features from scale-invariant key points［J］. International Journal of Computer Vision，2003，20：91-110.

[8]　CHARIKAN M S. Similarity estimation techniques from rounding algorithms. In STOC，2002，380-388.

第5章　改进数据立方体聚集计算的数值归约方法

数值归约是数据归约的一种策略，数值归约通过减少实体的某一特征（或属性）数值的数目或者简化其表达形式，从而实现数据归约。本章分析三种类型的数值归约技术，以及数据立方体聚集计算策略，并构建核心概念框架，在此基础上，研究冰山立方体聚集计算中的相关度量的约束特性，并针对数据预处理中多层概念维度数据聚集计算过程无法采用可转变反单调约束进行先验剪枝等问题，采用 $Top-k$ 方法将相关的度量约束转变为反单调的，实现了在数据同步聚集过程中同时进行共享维剪枝，减小了冰山立方体计算和存储的开销，同时提高了计算方法的效率。

5.1　数值归约概述

数值归约（Numerosity Reduction）又称数量归约或数据块消减，是指利用较小或较少的数据来代替原始数据，得到数据集的归约表示，同时仍接近地保持原数据的完整性。通常采用回归、直方图、聚类、抽样、数据立方体聚集等技术实现数值归约，以便用更简单的数据或表达式来取代原有的数据。

在数值归约中，可采用的技术或方法"散且多"，为便于数值归约的知识组织及相关系统开发，本章根据数值归约的不同层次，将数值归约技术划分为三种类型，即基于实例的数值归约（Instance based Reduction）、基于属性的数值归约（Property based Reduction）和基于度量的数值归约（Measuring based Reduction）。其中，基于实例的数值归约技术包括回归（Regression）、抽样（Sampling）及聚类（Clustering）技术等，该类归约技术以数据样本（实例）为基本单位，通过缩小样本的数量或用简约的公式替代样本本身来实现数据块的消减。基于属性的数值归约技术包括分箱（Binning）、直方图（Histogram）分析、离散化与概念分层等，该类技术依赖于数据的属性，通过对属性值的划分实现属性的离散化与概念分层，实现数值约简。严格来讲，数据离散化是一个泛概念，分箱、直方图分析等是离散化的具体实现方法，概念分层则是离散化的具体应用。数据立方体聚集是一种典型的基于度量的数值归约技术，该类技术依赖于数据的数值本身和数据聚集度量方式，可实现数据的汇总或聚焦表示。

需要说明的是，基于实例的数值归约和基于属性的数值归约两类技术通常与数据应用目标密切相关，通常情况下，由于无法预知未来的数据用途或使用模式，因此在具体数据归约系统实现中，这类技术并不直接参与数据归约任务，而是作为实现接口为具体应用系统提供服务。基于度量的数值归约作为一种典型的数据预计算技术，与后期应用是"松耦合"的，因此也是本章研究的重点。

数值归约的核心任务概念框架如图 5-1 所示。

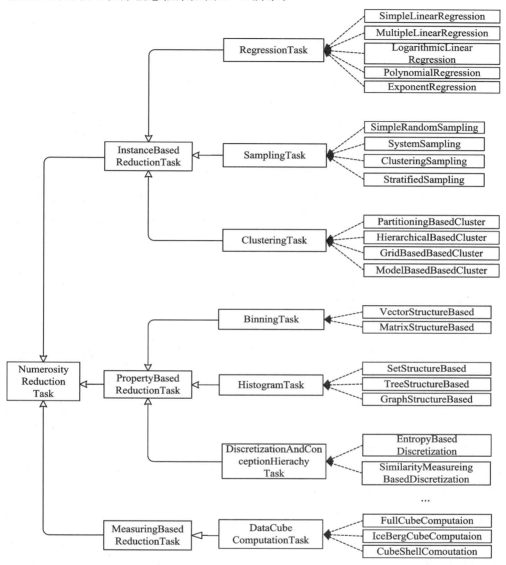

图 5-1　数值归约的核心任务概念框架

5.1.1　基于实例的数值归约

基于实例的数值归约通过减少实例数目，对给定的实例数据进行简化表示，从而实现数据归约的目的，它主要包括回归技术、抽样技术和聚类技术等。

回归是常用的参数化数值归约技术，是一种利用回归关系函数表达式来拟合数据、近似表示数据的方法，将大量的原始数据替代为简单的回归函数，有效实现数值归约。在进行回归分析时，根据描述因变量与自变量之间关系的函数表达式的线性与否，分为线性回归和非线性回归。一些复杂的非线性回归问题，通常可以借助数学手段将其转化为线性回归问题进行处理。例如，对于导弹等各类高速机动实体的海量轨迹数据，可以采用分段数据回归函数及其初始参数和时间等来简化表示。

作为一种数据归约技术，抽样允许用较小的、随机的数据样本（子集）来代表大型的数据集。从统计学的角度，抽样是一种推论统计方法，通过观察样本的某一或多个属性的特征，得出对数据总体特征的估计。该类样本在一定程度上代表原始数据，达到数据归约的效果。常用抽样方法包括简单随机抽样、系统抽样、分层抽样、聚类抽样等。例如，在研究保障能力时，可以在综合数据集中采用分层抽样技术，选择相应的训练经费投入、训练器材数量、训练物资、训练场地数量/面积、油料保障数量、装备保障数量、教材保障数量等数据作为研究样本。

聚类技术是指将数据对象划分为若干个子集，使得每一个子集中的对象彼此"相似"，但与其他子集中的对象"不相似"。相似或不相似的描述是基于数据描述属性的取值来确定的，通常就是利用（各对象间）距离来进行表示的。传统的聚类计算方法主要有划分方法、层次方法和基于网格的方法。在数据归约中，聚类技术主要有两种用途，一是发现并清除离群点数据，二是用较少的类标号代替大量的原始数据。

5.1.2 基于属性的数值归约

基于属性的数值归约是通过减少属性的取值范围以实现减少数据规模的目的，主要包括分箱、直方图分析和离散化与概念分层等。如上所述，离散化是一个数值归约的概念，分箱、直方图等是其实现方法，概念分层是其应用，本章将其分开阐述主要是基于以下认识：分箱、直方图等技术通常由人工指定数据分割参数，而离散化和概念分层则更多采用监督或非监督的机器学习方法实现，前者多用于数据分析领域，后者多用于数据挖掘领域。

分箱技术是一种基于给定箱的个数实现自顶向下的数据分裂技术，利用数据的"近邻"（数据周围的值）来划分有序数据值。这些有序的数据按照不同的分箱方法（例如利用箱的均值或中位数），被划分到"箱"或"桶"中，并用指定的数值代替相应的箱。在用箱的均值或中位数进行分箱时，通常使用等宽或等频方法进行箱的划分，然后用箱的均值或中位数来代替箱中的每个值，实现数据的归约。例如，对于大量的战场设施面积数据集，可采用少数几个桶将数据划分到较少的区间，然后使用各个数据区间的均值或中位数来替代原有的数据。

直方图（或称频率直方图）使用上述的分箱技术来近似数据分布，不同之处在于其采用桶的组距和频数来替代原有的数据。直方图技术将数据分布划分为不相交的子集或桶，桶的宽度表示给定属性的一个连续区间，桶的高度（和面积）是该桶所代表的值的平均频率。例如，在上例中，采用直方图可表示不同面积区间的战场设施数量。如果每个桶只代表单个属性值/频率对，则该桶称为单桶，该类桶适合存放高频率的离群点。直方图分析技术也可作为数据离散化和概念分层技术使用。

离散化技术通过将连续属性域划分为离散区间，采用少数的区间标签或概念标签来替换实际的连续属性值，减少和简化原始数据。离散化技术包括基于信息熵离散化、基于卡方分析的区间合并、聚类分析等。当数据离散化在多个层次上进行数据分区时，即可实现概念分层，概念分层允许处理多个抽象层上的数据，它通过定义映射序列，将数据的低层概念集映射到高层、一般的概念，用较少的高层概念代替原始数据，实现数据的泛化。在数据归约中，数据的概念层次通常由数据标准中的数据字典确定，通过领域本体反映，例如建立类别层次、人员类别层次、战争物资分类层次等概念，概念层次越高，抽象级别越高，数据集合的基数就越少。

5.1.3　基于度量的数值归约

基于度量的数值归约指的是，依赖于数据的数值本身和数据聚集度量方式，实现数据的汇总或聚焦表示。典型的基于度量的数值归约技术为数据立方体聚集。在领域数据仓库中，通常构建数据立方体并实现聚集计算。例如，在某能力标准的计算中，需要建立能力指标的度量及其相关维度的多维数据模型，支撑数据汇总或计算，每个维度可以分为不同的概念层次，每个概念层次又包含多个不同的维度值（基数）。一般情况下，分类分层的指标聚集计算量是非常大的，其总数可以达到 $\prod\limits_{i=1}^{n}(L_i+1)$，当数据的维数 $n=10$，每个维度的概念层次 $L_i=9$ 时，其聚集计算的数据量最少为 10^{10} 个，这个数目还是假设每个维度的基数为 1，如每个维度的特定概念层次按其实际的基数展开，如某类型机构区分为具体的组织架构等，则计算量更是呈指数增长。

数据立方体聚集是结合数据仓库与 OLAP（联机分析处理）技术，基于数据立方体的聚集操作，通过属性逐层抽象的方法减小数据集的规模，同时不丢失数据分析任务所需的信息。数据立方体中存放多维聚集信息，每个数据立方体单元存放一组聚集值。数据立方体的聚集操作用于数据立方体中的数据，这种操作在 OLAP 中称为上卷，即通过对一个维进行概念分层向上攀登或者利用维归约删除部分维实现数据立方体的聚集。

在数值归约方面，同其他方法相比，数据立方体聚集具备良好的优越性与适用性，主要表现在：① 数据立方体聚集实现属性的不同抽象层数据的聚集，并能存储多个数据维的预计算的度量，提供不同粒度的数据归约结果，同时使得数据易于理解和表达；② 数据立方体聚集适用于对海量数据的分析与处理，通过一系列的数据立方体计算方法，提供灵活的数据聚集结果。

在数据预处理中，通常采用数据立方体技术进行聚集计算，为应用系统提供"事先已准备好的"计算结果，通过计算部分立方体来有效减少聚集度量值的数据，实现数据归约，避免"维灾难"。目前这些计算一般都是通过数据仓库管理系统中的数据加载技术以及 OLAP 中的数据上卷等技术实现的，其实现细节对于用户是不透明的，无法接受外部实时动态的干预和控制。因此，本章重点研究数据进入数据仓库前的立方体快速聚集计算方法，以解决反单调约束适应性差、计算速度慢的问题。

5.2 数据立方体计算策略

5.2.1 数据立方体计算核心概念

多维数据模型是数据仓库和 OLAP 工具的基本模型,它将数据看作数据立方体的形式,允许从多维的角度对数据进行建模和观察。数据立方体计算是实现数据仓库的一项基本任务。通过数据立方体计算,提供数据预计算的不同汇总或聚集数据,为数据的子集分组和聚集提供灵活有力的手段。通常,为提高后期数据分析与处理效率,需要对数据立方体进行预计算,包括完全立方体的计算和部分立方体的计算。

数据立方体由 J. Gray 等于 1996 年首次提出,它是一种多维数据模型,由维和事实定义,允许从多维的角度对数据进行建模和观察。维是数据记录的实体,可提供观察或透视数据对象的角度,每一个维都有一个与之关联的维表,该维表是对维数据的进一步描述。事实通常用来表示一个主题,是用数值度量反映数据对象所具有的特征,每一个事实对应一个事实表,包括事实的名称、度量以及相关维表的码,可以利用事实表对维之间的关系进行分析。在数据立方体中,不同维度组合构成了不同粒度的子立方体,不同维值的组合及其对应的度量值构成了相应的数据单元。对于不同的查询和分析,需要访问不同的子立方体或者数据单元。因此,数据立方体的构建和维护等计算方法成为了多维数据分析研究的关键问题。

在立方体聚集计算中,处于最底层汇总的立方体称作基本立方体(n 维),例如,(A 单位,本科生,男性,总数=100 名)是一个 3 维基本立方体,前三项表明维度值,最后一项是立方体的度量值,表明"A 单位中拥有本科学历的男性工作人员为 100 名";处于最顶层汇总的立方体称作顶点立方体(0 维),例如(∗,∗,∗,总数=10000 名),表明"当前领域所有人数为 10000 名";处于中间层汇总的立方体成为中间方体,例如(A 单位,∗,∗,总数=1200 名)是一个 1 维方体,表明"A 单位总人数为 1200 名"。基本立方体的数据单元称作基本单元,所有非基本立方体的数据单元称作聚集单元。按照立方体的汇总层次,高层的聚集单元称作低层聚集单元的祖先单元,反之称作后代单元,基本单元是所有聚集单元的后代。下面给出祖先单元和后代单元的定义。

定义 5-1 在 n 维数据立方体中,i 维 $i-D$ 单元 $a=(a_1,a_2,\cdots,a_n,\text{measures}_a)$ 是 j 维($j-D$)单元 $b=(b_1,b_2,\cdots,b_n,\text{measures}_b)$ 的祖先单元,而 b 是 a 的后代单元,当且仅当 $i<j$,并且对于 $1\leqslant k\leqslant n$,只要 $a_k\neq *$,就有 $a_k\supset b_k$。

数据立方体计算的本质是沿着数据立方体不同的维度,在基本单元的基础上计算聚集单元的过程。数据立方体(或者部分数据立方体)的预计算是实现快速访问汇总数据的有效策略。这种数据立方体的预计算即为数据立方体物化。

数据立方体计算的核心概念框架如图 5-2 所示。

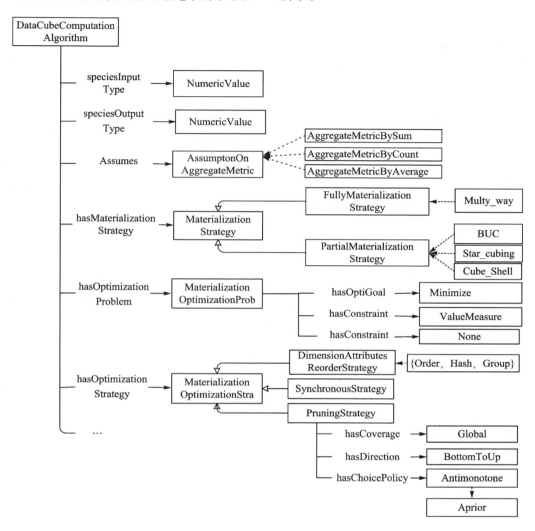

图 5-2　数据立方体计算的核心概念框架

5.2.2　数据立方体计算物化策略

数据立方体中通常包含大量的数据。对于 n 维数据立方体，若不考虑任何维的概念分层，则共包含 2^n 个方体；若考虑每个维的概念分层或者维的基数，则存储该完整的数据立方体需要海量的空间，常常超过内存容量的限制。因此，基于该数据立方体的聚集计算以及查询耗时严重，代价高昂，需要考虑一定的计算策略，来降低查询的响应时间。通常，数据立方体的计算就是在立方体存储空间、数据分析处理响应时间以及数据立方体的管理和维护消耗等要素之间取得较好的折中。数据立方体的计算（物化）策略通常包括不物化、完全物化、部分物化三种。

1. 不物化策略

不物化策略是指在立方体构造过程中，不预先计算任何"非基本方体"，是一种实时聚集计算的方法。不物化的方法虽然能够减少立方体存储以及立方体维护的代价，但是这种临时进行聚集计算的方法计算代价昂贵，后期数据分析处理的响应速度非常慢，在实际应用中不可取。

2. 完全物化策略

相对于不物化策略，完全物化的立方体需要预先计算出并保留数据立方体中的所有立方体（称为完全立方体）。这样会大大降低查询时间，实现后期数据分析处理操作的快速响应，但是完全立方体计算的复杂度非常高，导致很高的数据存储以及维护代价。典型的完全立方体计算方法是多路数组聚集方法，该方法使用多维数组为基本的数据结构，分块计算各个数据立方体并存储。

3. 部分物化策略

部分物化的立方体称为冰山立方体，仅物化数据立方体的一部分，即按照约束条件选择数据立方体的子集进行预计算，实现立方体存储空间和后期数据分析处理响应时间的有效折中。部分物化的策略对于稀疏方体能更有效地节省计算时间和存储空间，以及为更聚焦的分析提供有效的处理方法。在部分物化策略中，通常仅物化某些维度量值大于某个最小阈值的立方体单元即可。具有代表性的部分立方体计算方法有冰山立方体计算方法（包括从顶点立方体向下计算冰山立方体和使用动态星树结构计算冰山立方体）、立方体外壳片段计算方法和紧凑数据立方体计算方法等。

5.2.3 数据立方体计算优化策略

数据立方体计算的优化策略用于有效降低立方体物化过程的数据存储空间和计算代价，主要包括以下三种策略：

（1）同时聚集和缓存结果。同时聚集允许在多维数组的多个维组合上计算聚集。通常，在数据立方体计算的过程中，同时在多个较低层聚集开始来计算较高层的聚集，这样节省大量的计算时间，同时还可以共用数据聚集过程中缓存的部分结果，进一步节省时间和存储开销。

（2）重新排序和数据划分。在数据立方体计算过程中，通常对共享一组相同维值的单元进行聚集计算，可以对数据维属性进行重新排序或分组，改变数据立方体块读入内存的次序，即改变多维数组不同的块的扫描和计算次序，方便数据立方体聚集，有效提高数据立方体计算的效率。该类优化策略通常应用于多路数组聚集算法。一般情况下，维的概念层次越多，或者每个层次维的基数越多，计算的顺序越优先。例如，对人员相关情况进行汇总统计时，所属单位的建制类别的概念层次及相关维度基数相对最高（通常有上百个不同层次的建制类别），即分类层级多，概念复杂，然后，职务级别、文化程度、性别等维度的概念层次依次减少。因此，为了增加各类人员汇总计算的速度，避免频繁读写基础数据，通常按照维度的复杂程度从高到低进行汇总计算。

（3）先验剪枝。对于数据立方体计算来说，先验剪枝则指，若某立方体单元的度量计算（或其他有效聚集度量）不满足某些约束条件，则较低层立方体的后代也都不会满足该约束条件，故可将其剪枝。剪枝导致大量的立方体免于不必要的计算，避免产生许多无意义的计算单元，从而使得聚集结果更具有实际意义。同时，剪枝使得数据立方体的计算量明显降低。例如，若某单位的所有类型受伤人数统计不满足"受伤人员总数＞n"约束条件，则该单位的受伤男性人员总数也一定不会满足上述约束条件。

5.3　冰山立方体聚集计算的约束特性分析

在多维数据聚集计算中，通常存在大量稀疏的或者意义不大的数据单元。例如，特定类型的单位或人员在编配的装备、消耗的物资类型通常是确定的，某种类型单位编配的装备仅包含部分的地面装备，消耗的物资通常仅包括极少部分的油料、野营等类型，对于所有装备类型、物资类型等维度而言，其基数很高。因此，与该类型单位装备、物资相关的数据单元中，绝大部分的度量值是零，对后期的数据分析影响不大，并且极大增加了计算量。对一个数据立方体而言，如果大多数数据单元的度量值等于零，则称其为稀疏立方体。

对于稀疏立方体，在数据归约中，需要通过一定的约束条件限制其聚集计算的范围，实现部分物化，提高计算效率，同时降低存储空间。与数据立方体计算相关的约束条件主要包括数据集约束、维/层约束和度量约束三类。其中，数据集约束主要用于确定待聚集计算的数据子集。维/层约束主要用于确定用户感兴趣的维或概念层次进行聚集计算，相当于OLAP 中的切片、切块、上卷等操作。例如，通过选择特定类型的装备或人员进行相关立方体的聚集计算。度量约束指的是给定度量值的阈值，仅计算其度量值大于或小于该阈值的立方体单元，这种阈值称为度量阈值。前两类约束通常由用户事先在归约方案中指定，用于缩小数据集范围。度量约束则是在计算过程中动态检测，用于实现立方体计算中的先验剪枝。

如上所述，为实现冰山立方体计算中的先验剪枝，其聚集度量函数必须满足度量约束。度量约束依据其满足条件或违反条件的判别性质，可分为反单调性约束和单调性约束。下面给出立方体计算的反单调约束和单调约束条件的定义，其中，反单调性基于违反条件，单调性基于满足条件。

定义 5 - 2　反单调约束

给定一个度量约束条件 C_a，如果一个立方体体单元 S 的度量值 $S.\text{measure}$ 不满足 C_a，则 S 的任何后代单元相应的度量值也不可能满足 C_a，则称约束条件 C_a 是反单调的。

定义 5 - 3　单调约束

给定一个度量约束条件 C_m，如果一个立方体单元 S 的度量值 $S.\text{measure}$ 满足 C_m，则 S 的任何后代单元相应的度量值也能满足 C_m，则称约束条件 C_m 是单调的。

数据的聚集计算中，很多约束特性并不是反单调的，聚集计算的度量约束特性可分为反单调约束、单调约束和可转变约束三类。反单调约束包括"$\min(S.\text{measure})\leqslant v$" "$\max(S.\text{measure})\geqslant v$""$\text{count}(S.\text{measure})\geqslant v$""$\text{sum}(S)\geqslant v$"和"$\text{range}(S)\geqslant v$"等；单调约束包括"$\min(S.\text{measure})\geqslant v$""$\max(S.\text{measure})\leqslant v$""$\text{count}(S.\text{measure})\leqslant v$""$\text{sum}(S.\text{measure})\leqslant v$"和"$\text{range}(S)\leqslant v$"等；可转变约束包括"$\text{avg}(S)\theta v,\theta\in\{\leqslant,\geqslant\}$"等。

反单调约束可以利用先验性质进行剪枝，避免不必要的计算；单调约束是指如果一个立方体满足该规则约束，则该立方体的祖先立方体都满足该规则约束，依据单调规则可以直接判断那些立方体需要进行聚集计算，主要为用户交互式的下钻操作提供依据，但不能够利用该规则进行剪枝。可转变约束不属于以上两类，它是指一种约束既非反单调也非单调，然而如果立方体树的子树以度量值的特定顺序进行排列，那么该约束就可以转变成反单调的。

目前，常用的数据立方体聚集计算方法主要包括多路数组聚集算法、BUC 算法和Star-Cubing算法。

多路数组聚集算法是一种采用从基本立方体向上到顶点立方体来计算完全立方体的方法。该算法以多维数组为基本数据结构，存放给定数据立方体的所有立方体的所有单元，并通过访问位置或对应数组位置的下标来确定相应维的值。该算法从基本立方体向顶点立方体进行同时聚集计算，即先计算后代立方体，再计算祖先立方体，每次计算可充分利用前期计算结果，但是无法使用反单调约束进行先验剪枝。

BUC 算法采用从顶点立方体向下到基本立方体的方法计算冰山立方体，适用于稀疏冰山立方体的计算。BUC 算法从顶点立方体向基本立方体进行计算，即先计算祖先立方体，再计算后代立方体，可以使用反单调约束进行先验剪枝，但是无法利用前期计算结果。

Star-Cubing 算法是一种使用动态星树结构计算冰山立方体的算法，它利用多路数组聚集算法的多维同时聚集和 BUC 中剪枝的方法构造冰山立方体，并使用星树（Star-tree）数据结构对数据立方体数据进行存储和操作，然后对该数据结构进行压缩，以降低数据立方体计算时间和内存消耗。Star-Cubing 算法结合了自顶向下和自底向上的方法。这种混合集成方法近似融合了多路数组聚集算法和 BUC 算法的优点，使得数据立方体在多维上聚集的同时，裁剪掉不满足冰山条件的数据立方体。Star-Cubing 算法在采用自顶向下的方法时引入了共享维的概念，以保证共享维在星树扩展前被识别，避免之后的重复性计算。

上述三种数据立方体计算方法只适用于解决具有反单调约束（例如"$\text{sum}(S.\text{measure})\geqslant v$"）的冰山立方体计算，不能解决可转变约束（例如"$\text{avg}(S.\text{measure})\geqslant v$"）的冰山立方体计算。

5.4 基于 Top-k 约束转变的数据立方体聚集计算

本节着重针对基于可转变约束的冰山立方体进行研究，提出一种改进的基于 Top-k 进行约束转变的 Star-Cubing 算法。该算法可解决基于非反单调的冰山立方体计算的问题，提高冰山立方体计算的效率，通过使用四种数据立方体计算方法对同一数据集进行数据立方体计算实验。通过对实验结果进行分析，对比分析不同方法的执行效率和适用条件，结果表明本节提出的数据立方体计算方法能够有效地对基于可转变约束的冰山立方体进行计算，同时提高了冰山立方体计算的效率。

　　本节重点研究了可转变约束向反单调约束转变的问题，生成了用于先验剪枝的黑名单表，并结合 Star-Cubing 方法对冰山立方体进行了计算。该方法采用了自顶向下和自底向上同时聚集的策略，分三个步骤进行：一是基于 Top-k 约束转变构造基本星树，二是实现数据分块及多维聚集的优化策略，三是依据聚集计算结果在基本星表上构造方体树。

　　为便于叙述，下面以数据立方体平均值度量的聚集计算为例说明相关算法，假定该数据立方体拥有 A、B、C、D 四个维度，其可转变约束为"avg(S)$\geqslant v$"。

5.4.1　基于 Top-k 约束转变构造基本星树

　　Top-k 查询（排序查询）是指根据用户指定的选优条件，只返回最好的 k 个结果作为查询的结果，而不是返回大量不加区分的结果。Top-k 可以从海量的数据中选取最大的 k 个元素或记录，它维护一个具有 k 个元素的小顶堆，每当有新的元素加入时，判断其是否大于堆顶元素，若大于，则用该元素代替堆顶元素，并重新维护小顶堆，直到所有元素被处理完毕。该算法的时间复杂度为 $O(n \lb k)$，基本达到线性复杂度。同时，Top-k 通过排序选择前 k 个最优的结果作为聚集度量的候选单元，把不满足约束的属性值记为黑名单，从而压缩了数据立方体的属性值，直接减少了数据立方体计算的开销。

　　基本星树是一种超树结构，将基本方体表中的数据存储在超树中。在基本星树上聚集计算产生方体树是按照深度优先的顺序进行的，所产生的方体树都属于基本星树的子树。

　　（1）对基本立方体表中元组进行 Top-k 排序。

　　对基本立方体表中所有元组进行遍历，并建立一个容量为 k 的堆，使得堆中所有元组度量值的平均值正好满足约束条件；在遍历的过程中使用冒泡排序算法对元组按照度量值的大小进行排序，直到基本立方体表中的所有元组都遍历完毕。这样就实现了将基本立方体表（见表 5-1）中元组的度量值按照从大到小的顺序进行排序，并同时生成满足约束条件的大小为 k 的堆。

表 5-1　星归约前的基本立方体表

A	B	C	D	avg
a_{111}	b_1	c_{11}	d_1	78
a_{112}	b_2	c_{11}	d_2	72
a_{121}	b_2	c_{12}	d_2	76
a_{122}	b_1	c_{21}	d_2	90
a_{211}	b_1	c_{21}	d_3	83
a_{211}	b_2	c_{22}	d_4	99

续表

A	B	C	D	avg
a_{212}	b_1	c_{23}	d_4	81
a_{221}	b_2	c_{23}	d_4	86
a_{221}	b_1	c_{23}	d_5	92

如果处理的数据集是海量数据，基本方体表中的元组就会非常多，对所有元组进行遍历的效率会非常低，也无法高效地使用排序算法。可以把海量数据分解成多个小的数据集，用小顶堆的方式对每个数据集进行排序，在每个小数据集中生成大小为 k 的堆，最后利用所有 Top-k 堆求出最终的 Top-k 堆。假如计算机没有足够大的内存将基本方体表中所有元组同时放入内存一次性处理完毕，也可以使用这种将庞大数据集分割成小数据集的方式，对数据进行分解处理，实现总体数据集的 Top-k 排序。

Top-k 堆中元组度量值的平均值恰好满足最小支持度阈值，若向堆中加入任意其他元组则会导致元组度量值的平均值不满足最小支持度阈值。因此，通过排序确定 Top-k 堆的方式可以把该约束转换成类似于反单调的约束。

（2）利用概念分层构造星节点。

首先，对经过排序的基本方体表进行区间划分，把落在 Top-k 堆内的元组视为候选区间，把 Top-k 堆以外的元素视为一个非候选区间。其次，判断各属性概念分层的最高层是否有属性值只落在非候选区间内，如果存在，则将该属性在此概念分层中的属性值替换为星节点，并把该属性值放入到黑名单表中；判断概念分层的最高层中是否有属性值只落在候选区间中，如果存在，则保留该属性值；判断概念分层的最高层中是否有属性值既落在候选区间内也同时落在非候选区间内，如果存在，对基本方体表中拥有该属性值的元组重新进行 Top-k 排序，在该属性的下一级概念分层中继续寻找星节点，直到该属性概念分层的最底层。最后，对所有属性都递归调用该方法构造星节点，产生的黑名单表见表 5-2，度量值的下标代表着概念的层次。

表 5-2 黑 名 单 表

维	黑名单	白名单
A	a_{111}、a_{112}、a_{121}	a_{122}、a_{211}、a_{212}、a_{221}
B	—	b_1、b_2
C	c_{11}、c_{12}	c_{21}、c_{22}、c_{23}
D	d_1	d_2、d_3、d_4、d_5

（3）进行星归约，构造基本星树。

将黑名单表中的属性值替换为星节点后，对基本方体表中重复的元组进行合并，对需合并的元组度量值取均值，这个过程称为星归约。星归约后的基本表见表 5-3，然后利用归约后的基本表构造基本星树，如图 5-3 所示。星归约利用黑名单表对计算数值进行归约，减少了数据立方体的数据量，降低了数据立方体计算和存储的代价。

表 5-3　星归约后的基本表

A	B	C	D	avg
*	b_1	*	*	78
*	b_2	*	d_2	74
a_{122}	b_1	c_{21}	d_2	90
a_{211}	b_1	c_{21}	d_3	83
a_{211}	b_2	c_{22}	d_4	99
a_{212}	b_1	c_{23}	d_4	81
a_{221}	b_2	c_{23}	d_4	86
a_{221}	b_1	c_{23}	d_5	92

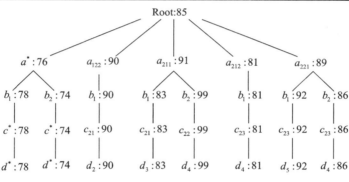

图 5-3　基本星表对应的星树

5.4.2　数据分块及多维聚集的优化策略

基于上述产生的基本星树，利用深度优先的遍历方式，进行自底向上的数据立方体聚集。该聚集过程与 Star-Cubing 算法类似，同样需要使用"共享维"剪枝。由于不满足最小支持度阈值的属性值已在上一步利用 Top-k 方法实施剪枝，因此，该过程中共享维剪枝计算和存储的开销就会减小。

对数据立方体进行聚集计算时采用了类似于多路数组聚集的思想，允许在多个维组合上同时进行聚集计算。多维聚集过程分为三个步骤：

（1）将多维数据划分成若干个子立方体。这些子立方体需要足够小，能放入可用的内存中进行立方体计算。这种划分子立方体的过程称为分块，即把 n 维数据划分为若干小的 n 维块。现假设把每个维都分为 k 等份，第 i 维的基数为 $|D_i|$，则通过如下公式即可确定 k 值，以及分块的大小：

$$\frac{\prod_{i}^{n}|D_i| \times 度量值的存储空间}{k^n} \leqslant 可用内存$$

其中，每个小块作为一个数据单元被存储在立方体中。对于多维稀疏数据结构，进行数据分块的时候，有些块为空（不含有任何有效数据），通常需要对这些块进行压缩，以减少空数据单元对空间的浪费。这种压缩技术可以同时对磁盘和内存中的稀疏立方体进行压缩处理，降低内存的消耗。

（2）确定中间方体的聚集顺序，通过访问立方体的单元（值）来进行聚集。上述分块技术通常涉及某些聚集计算的"重叠"，因此，单元访问的策略可以通过调整立方体的聚集顺序来进行优化，使得多个立方体单元的聚集计算可以同时进行，从而减少内存访问和磁盘I/O 的开销。为减少单元重复访问的次数，原则上应先向平面所在维的基数乘积（$|D_{ij}| = |D_i| \times |D_j|$）最大的面聚集。

例如，分块后进行聚集计算产生的数据立方体 ABC。根据 A、B、C 三个维的基数，确定在聚集立方体 ABC 上进行计算时应该先向 BC 面聚集，然后向 AC 面聚集，最后再向 AB 面聚集。因此，向上聚集计算依次可产生 2D 立方体 BC、AC 和 AB，1D 立方体 C、B、A，最终聚集生成顶点立方体，在多维聚集的过程中需要不断使用冰山条件进行剪枝。

向 BC 面聚集过程如图 5-4 所示：1~4 块（$*, b_0, c_0, *$）、5~8 块（$*, b_1, c_0, *$）、9~12 块（$*, b_2, c_0, *$）、13~16 块（$*, b_3, c_0, *$）分别进行聚集计算，至此，1~16 块聚集结束，2D 立方体 BC 计算仅需连续扫描 4 块；同时向 AC 面聚集：1~13 块（$a_0, *, c_0, *$）、2~14 块（$a_1, *, c_0, *$）、3~15 块（$a_2, *, c_0, *$）、4~16 块（$a_3, *, c_0, *$）同时进行聚集计算，2D 立方体 AC 计算需扫描 13 块；综合以上的聚集结果（$*, *, c_0, *$），1D 立方体 C_0 计算完毕。按照上述方法同时计算 1~52 块（$*, b_0, *, *$），1D 立方体 B_0 计算完毕，最终完成（$a_0 \sim a_3, *, *, *$）1D 立方体 $A_0 \sim A_3$ 计算，从而使顶点方体计算完毕。

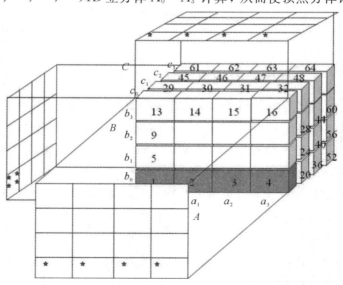

图 5-4　向 BC 面进行聚集计算

（3）确定方体树构造中维的顺序。在构造方体树的过程中应该按照维降序的顺序进行，使基数越高的维放在离根越近的地方。现假设方体树中 i 维的基数比 j 维的基数大即 $|D_i| > |D_j|$，则 i 维应比 j 维离根近。

5.4.3　依据聚集计算结果在基本星树上构造子女树

依据上述方法进行聚集计算，对基本树的最左分支进行处理，如图 5－5 所示，同时聚集产生了 BCD -树、ACD/A -树、ABD/AB -树、ABC/ABC -树 4 棵子女树。在计算完最左分支时进行回溯，开始处理基本树的第二个分支（如图 5－6 所示），继续进行深度优先遍历，直至遍历到每一个分支的叶子节点再进行回溯。回溯时判断上一级节点有没有兄弟节点，如果有兄弟节点，就从该兄弟节点往下进行深度优先遍历；如果没有兄弟节点，则销毁该节点，最终将所有节点都遍历完毕。

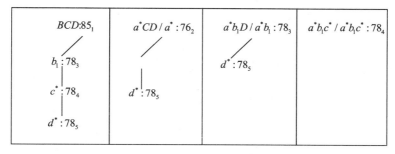

图 5－5　处理基本树最左分支示意图

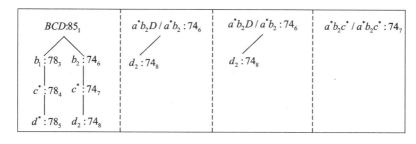

图 5－6　处理基本树第二个分支示意图

共享维是指子女树中所有立方体都包含的维。如果共享维中元组度量值的平均值不满足冰山条件，则沿该共享维向下的所有单元也不可能满足冰山条件。例如，ACD 子树的共享维是 A，那么在计算 ACD 立方体时，同时需要扩展计算立方体 A。

与此同时，为产生基本星树的子女树，子女树中的节点必须满足两个条件：

（1）节点度量满足冰山条件（最小支持度阈值）；

（2）树中至少包含一个非星节点。这是因为若所有节点均是星节点，则它们都不满足最小支持度阈值，没有必要再进行聚集计算。

基于 Top-k 约束转变的数据立方体聚集计算伪代码描述如下：

算法 5 - 1　基于 Top-k 约束转变的数据立方体聚集计算

1　Input R (relational table)

2　　min_support

3　Output computed iceberg cube

4　BEGIN

5　　scan R twice，sort R by Top-k

6　　create blacklist-table S and star-tree T

7　　output count of T. root

8　　Tstarcubing (T，T. root)

9　END

10　procedure Tstarcubing (T，cnode)

11　{

12　　for each non-null child in T

13　　　if (cnode is in S) then

14　　　continue

15　　　else {

16　　　　aggregate cnode to node in star-tree of C

17　　　}

18　　if (cnode. count≥min_support) then {

19　　　If (cnode≠root) then

20　　　output cnode. count

21　　　if (cnode is leafnode) then

22　　　output cnode. count

23　　　else {

24　　　　create C_C as a child of T

25　　　　create T_C as a star-tree of C_C

26　　　　count of T_C. root ＝ cnode. count

27　　　}

28　　}

29　　if (cnode is not leafnode) then

30　　Tstarcubing (T，cnode. first_child)

31　　if (C_C is non-null) then {

32　　Tstarcubing (T_C，T_C. root)

33　　delete C_C from T

34　　}

35　　if (cnode has brothers) then

36　　Tstarcubing (T，cnode. sibling)

37　　delete T

38　}

5.4.4 实验与结果分析

1. 实验设计

为了通过实验对比分析该方法的有效性，本节选用 UCI 库中常用的 4 个实验数据集作为冰山立方体计算实验中的原数据集，实验数据集的简要描述见表 5－4。在每个数据集上都使用多路数组聚集、BUC、Star-Cubing 及本节提出的基于 Top-k 约束转变的立方体聚集（Top-k-based Star-Cubing）等 4 种计算方法进行实验，使用多路数组聚集方法进行完全立方体计算，使用 BUC 和 Star-Cubing 方法进行基于反单调约束的冰山立方体计算，使用 Top-k-based Star-Cubing 方法进行基于可转变约束的冰山立方体计算，总共进行 16 组数据立方体计算实验。所有实验均在 Windows XP SP3 操作系统平台上进行，使用 Matlab R2008a 实现不同冰山立方体计算方法对数据集的聚集，计算程序的运行时间并评估聚集结果的准确性。

表 5－4 实验数据集信息

数据集编号	数据集名称	维数	样本数目
1	NYSK	7	10421
2	Daily and Sports Activities	5625	9120
3	User Knowledge Modeling	5	403
4	Tirkiye Student Evaluation	33	5820

计算 16 组实验运行所需的时间，并对计算结果进行归一化处理，得到数据立方体计算方法执行效率对比图，如图 5－7 所示。

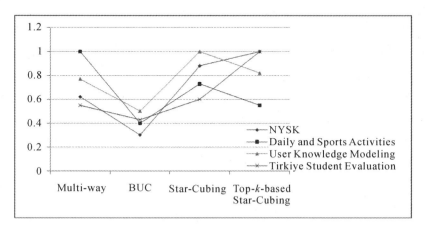

图 5－7 冰山立方体计算实验结果示意图

由图可知，进行归一化表示后，在对每一个数据集进行立方体计算实验时，性能表现最好的方法对应的执行效率值为 1，其余方法的执行效率值都在 0 到 1 之间。对 Daily and Sports Activities 数据集进行立方体计算实验时，多路数组聚集方法的性能要明显优于

Star-Cubing 和 Top-k-based Star-Cubing，因为 Daily and Sports Activities 数据集属性数目较多，属于稠密立方体，可被剪枝的方体数量很少，共享维剪枝并不能很有效地提高立方体计算效率。对 NYSK 和 Tirkiye Student Evaluation 数据集进行立方体计算实验时，Top-k-based Star-Cubing 方法的性能要明显优于其他三种，因为 NYSK 和 Tirkiye Student Evaluation 数据集都是稀疏数据集，本节研究的利用 Top-k 进行基本立方体树压缩和共享维剪枝的方法可以有效地减少立方体的数量，从而提高了立方体计算的效率。对 User Knowledge Modeling 数据集进行立方体计算实验时，几种立方体计算方法的效率都差不多，在数据量特别小的时候，各种立方体计算方法的性能都不能得到有效的发挥。BUC 方法计算冰山立方体的效率明显比 Star-Cubing 和 Top-k-based Star-Cubing 方法低，因为 Star-Cubing 和 Top-k-based Star-Cubing 方法是对 BUC 方法的改进，并且 BUC 方法只适用于计算稀疏的数据立方体。

2. 结果分析

基于 Top-k 约束转变的数据立方体聚集计算（Top-k-based Star-Cubing）是一种适用于基于可转变约束冰山立方体的计算方法，通过 Top-k 实现约束向反单调约束的转变；同时，它借鉴了 Star-Cubing 中共享维的概念，并利用先验性质进行剪枝，降低数据立方体计算和存储的代价。该方法适合于稀疏冰山立方体的计算，其计算过程以及计算和存储开销类似于 Star-Cubing，且优于多路数组聚集和 BUC；在计算稠密立方体时，性能甚至可以与多路数组聚集相媲美。

从"共享维"剪枝的角度看，BUC 从顶点方体到基本方体进行剪枝计算，父母方体与子女方体之间不能共享聚集计算结果，即每一个父母方体的计算对其子女方体的计算没有任何贡献，其时间复杂度为 $O(n \lg n)$。Top-k-based Star-Cubing 能有效利用多维数组同时聚集，同时利用剪枝技术节省大量的时间开销，其时间复杂度为 $O(n \lg n)$。

从自底向上聚集的角度看，Top-k-based Star-Cubing 和 Star-Cubing 利用多维数组进行同时聚集。与多路数组聚集不同，多路数组聚集需要把块放入计算机可用的内存中，其空间存储开始是由分块的大小决定的，空间复杂度为 $O(1)$；而 Top-k-based Star-Cubing 和 Star-Cubing 虽然省去了分块过程的时间和空间开销，但需要在数据立方体聚集时同时使用所有方体的度量值，会占用计算机更多的内存，空间复杂度为 $O(n)$。

综上所述，实验表明本文提出的数据立方体计算方法能够有效地对基于可转变约束的冰山立方体进行计算，同时提高了冰山立方体计算的效率。

本 章 小 结

本章主要介绍了一种基于 Top-k 约束转变进行立方体聚集计算的数值归约方法，并对数值归约的相关理论进行概述，构建出其核心概念框架；比较了三种常用的立方体计算方法，为了计算基于可转变约束的冰山立方体，研究提出了一种基于 Top-k 约束转变进行冰山立方体聚集计算的数值归约方法。该方法使用 Top-k 方法实现冰山条件的反单调约束转变，生成不满足约束条件的属性黑名单，并根据黑名单压缩不满足冰山条件的属性值，对基本立方体表进行星归约，产生基本星树，实现数据的无损压缩；在此基础上，利用自底向上的方法进行多维聚集，在聚集的过程中同时进行共享维剪枝，从而实现冰山立方体的计算。这样不仅解决了可转变约束为度量的冰山立方体的剪枝问题，而且大大减少了冰山立方体计算和存储的开销，解决了对可转变约束运用先验性质进行剪枝的问题，同时提高了计算方法的效率。

参 考 文 献

[1] POOSALA V，GANTi V. Fast approximate answers to aggregate queries on a data cube，Proceedings. Eleventh International Conference on Scientific and Statistical Database Management，Cleveland，OH，USA，1999，24-33，doi：10. 1109/SSDM. 1999. 787618.

[2] EVERITT B S，LANDAU S，LEESE M. Cluster Analysis[C]// Wiley Publishing. Wiley Publishing，2009.

[3] GRAY J，CHAUDHURI S，BOSWORTH A，et al. Data Cube：A Relational Aggregation Operator Generalizing Group-By，Cross-Tab，and Sub-Totals[J]. Data Mining & Knowledge Discovery，1997，1(1)：29-53.

[4] HAN J，KAMBER M，PEI J. 数据挖掘概念与技术[M]. 范明，孟小峰，译. 北京：机械工业出版社，2012.

[5] 方乐宏，郝文宁，陈刚，等. 一种基于 Top-k 进行约束转变的冰山立方体计算方法 [C]//中国自动化学会；中国计算机用户协会，2016.

第6章　基于用户兴趣度的数据归约效果评估方法

　　针对特定数据集，不同的数据归约方案具有不同的归约效果，而数据归约效果直接影响到归约后数据质量、归约流程设计、相关算法或模型选择等，最终影响到数据归约方法及其实现系统的适应性和推广性。本章针对目前数据归约效果评估指标体系不完善、指标适用性弱以及效果评估方法缺乏针对性等问题，研究提出能够综合反映数据集归约前后的数据量减小程度、统计特征差异程度与平均信息量减少程度等三个方面的评估指标及其计算方法，重点研究实现一种基于最大信息系数（MIC）的平均信息减少量的估算方法，上述指标可为数据归约方案的评估提供定量依据。在此基础上，提出基于用户兴趣度的数据归约效果评估方法，该方法利用随机多准则策略推算出用户对数据归约效果的可接受程度，为实现面向不同关注点的系统用户推荐不同数据归约方案奠定基础。

6.1　数据归约效果评估概述

　　目前业界对数据归约效果评估指标的研究，主要集中在数据归约前后的数据体量和信息量差异程度两个方面。其中，数据体量差异的度量主要采用数据蒸发率这一指标，用于直观反映数据集归约前后"大小"变化的程度；数据信息量差异的度量主要采用互信息量、平均有效信息量、基于属性或广义信息熵支持等指标，用于反映数据归约前后的信息量对比关系。对于度量数据体量差异的指标而言，通常难于准确反映数据归约的效果，在实际应用中，并非数据体量减少越显著，归约效果越好。例如，在极端情况下，用一个 d 维平均值向量就能最好地表示 n 个 d 维向量集，但该平均向量是所有向量的 0 维表达，仅反映向量的集中趋势，无法反映各个向量间的差异，即损失的信息量太大。对于度量信息量差异的指标而言，目前主要应用在有监督机器学习的模型训练方面。同时，指标计算方法多适用于存在决策属性且条件属性是离散型的数据集，对于连续性属性则存在计算难度大的问题。但是，上述两类指标无法反映数据归约前后的分布特征（分布类型和分布位置）变化，直接影响到后续的数据分析应用。

　　为综合反映军事训练演习数据归约效果，本章从以下三个方面讨论数据归约效果评估指标：

　　（1）数据归约前后总体数据量的减少程度。由于数据集归约的目的是减少数据集的数据量，因此可以认为归约后的数据集数据量越小则归约效果越好。

　　（2）数据归约前后统计特征的改变程度。将原数据集看作总体，归约数据集看作样本，当采用了采样、直方图、分箱等可能改变数据统计特征的归约方法时，需要从描述性统计量和分布特征两方面进行显著性检验，差异程度用检验结果中的效应量进行度量，差异越显著，则数据统计特征的改变程度越大，说明归约后的数据代表性越低，即归约效果越差。

（3）数据归约前后平均信息量的减少程度。从信息论的角度上看，归约后数据集的信息量与原数据集所含有的信息量相比，减少量越少则归约效果越好。平均信息量是衡量一个数据集不确定性程度的指标，一方面，当一个数据集属性之间冗余性越高，其不确定性变得越小，即所包含的信息量越小，也就是说，归约数据集冗余性越高，信息量越低，平均信息量的减少量越大，归约效果越差；另一方面，当数据集中存在决策属性时，数据集内属性与目标类属性的相关性越高，其不确定性越大，所包含的信息量越大，即归约数据集内属性与目标类属性的相关性越高，信息量越大，与原数据集所包含信息量的减少量越不显著，归约效果越好。因此，数据集归约前后平均信息量减少量的比较可以转换为归约数据集属性之间冗余性及与目标类属性的相关性（有监督情况）的比较分析，归约数据集属性间的冗余性越小，与目标类属性的相关性越强，归约效果越好。

对于数据归约效果评估方法，目前尚未发现深入的研究成果，大多是直接计算上述的指标值。在军事训练演习数据归约系统设计及应用中，由于不同的用户对于数据归约的指标有不同的偏好或倾向，有的关注数据体量减少程度，有的则关注数据统计特征的变化情况，等等。因此，本章研究提出了一种基于用户兴趣度的数据归约效果评估方法，解决了数据归约效果综合评估中的权重计算问题，同时为基于用户的历史交互行为推荐合适的数据归约方案奠定了基础。

6.2　数据归约效果评估指标

6.2.1　数据蒸发率

直观上，维归约的要求是将原始数据集的规模尽可能地减小，设原数据集为 D，归约后数据集为 D'。本节选用数据蒸发率 $E_w(D')$ 作为这一方面的评估指标，表示数据集归约前后数据量改变程度。

定义 6-1　令原数据集数据量为 N，归约后产生的数据量为 M，数据蒸发率表示为

$$E_w(D') = \left(1 - \frac{M}{N}\right) \times 100\%　　　　（6-1）$$

需要说明的是，当单独采用维归约方法时，N 和 M 分别表示归约前后的属性个数，当单独采用元组归约方法时，N 和 M 则分别表示归约前后的元组个数。另外，当归约数据集为非结构化数据（如图文声像等）时，N 和 M 分别表示归约前后各类文件大小的字节数，为方便计算，需要取整到千字节（KB）。

6.2.2　数据描述性统计特征差异性

数据集归约前后的统计特征的变化程度直接影响后期的数据应用效果，因此，本节采用数据描述性统计特征差异性指标 $D_p(D')$，表示归约前后的数据集统计特征改变程度，数

据统计特征改变程度越小，数据集归约效果越好。将原数据集相关变量值看作总体，归约数据集的相关变量值看作样本，那么 $D_p(D')$ 即可以通过样本与总体之间相关统计量的差异性利用统计推断方法进行计算。

定义 6-2 令归约前后数据集的统计分布特征差异程度度量为 P_1，离散趋势特征的差异程度度量为 P_2，中心趋势特征的差异程度度量为 P_3，则数据描述性统计特征差异性指标表示为

$$D_p(D') = \frac{1}{3} \sum_{i}^{3} P_i \qquad (6-2)$$

式中各个度量值通过对显著性检验结果进行计算获得，显著性水平 α（统计学相关指标）值根据实际情况选取，通常情况下可取 0.05。

1. 数据分布特征差异程度计算

数据分布特征的差异主要包括分布类型差异和分布位置差异，由于分布类型的差异对后期数据统计分析的影响最大，同时分布位置差异可以通过趋中统计特征的差异反映，因此，本节对于数据分布特征差异的计算主要围绕分布类型展开。其差异程度 P_1 的度量值通过以下公式进行计算：

$$P_1 = 1 - \frac{\sum_{i=1}^{n} I(i)}{n} \qquad (6-3)$$

式中，$I(i)$ 为指示函数，当归约前后数据集某一变量（即属性）的分布类型保持一致时，取值为 1，否则取值为 0，归约数据集的变量总数为 n。由于原数据集各个随机变量的分布是未知的，因此在计算归约后数据集的分布特征差异性时，必须事先验证原数据集各个随机变量的分布类型。依据变量类型不同，假设的分布也不同。例如，在结构化数据中，对于离散类型变量，其可选待验证的数据分布类型有二项分布、泊松分布等，对于连续类型变量，其可选待验证的数据分布类型有正态分布、指数分布等。对于非结构化数据而言，本节中的特征词分布主要是多项式分布，图像数据的分布模型则有正态分布、Rayleigh 分布、负指数分布、对数正态分布、Weibull 分布、Gamma 分布和 K 分布等。由于非结构化数据分布类型检验的计算量太大，且对于数据归约效果而言影响不大，因此在本节研究不予考虑。原数据集的分布类型采用 K-S 检验。K-S 检验是 Kolmogorov-Smirnov（柯尔莫哥洛夫–斯米尔诺夫）检验的简称，它的检验方法是以样本数据的累计频数分布与某个特定的理论分布相比较，若两者间的差距很小，则推论该样本取至某特定分布族。

下面简要说明原数据集中某一变量的分布类型检验过程。

$F_0(x)$ 表示原数据集中某个变量的假设分布函数，可选择上述的正态、指数、泊松等分布类型函数。$F_n(x)$ 表示该变量的累积概率函数。设 D 为 $F_0(x)$ 与 $F_n(x)$ 差距的最大值，定义如下统计量：

$$D = \max |F_n(x) - F_0(x)| \qquad (6-4)$$

通过查 D 值表，当 $D < D_a$（其中 α 为给定的显著性水平）时，则可认为当前变量的分布

类型为 $F_0(x)$ 对应的数据分布类型。

针对当前变量，重复对所有可选的分布类型进行 K-S 检验，最终得到变量所有可能的分布类型，最终选择其中最小 D 值对应的分布类型作为当前变量的数据分布类型。特殊情况下，当前变量不属于任何事先假设的分布类型，则将其分布类型标识为"未知类型"。

当得到原数据集所有变量的分布类型后，即可进行归约前后数据集分布特征的差异性分析计算，计算方法如下：

（1）对于归约数据集的第 i 个变量，获取相应原数据集中变量及其已知的分布类型，采用上述的 K-S 检验方法进行验证，若实际观测的 $D < D_\alpha$，则 $I(i)$ 取值为 1，否则为 0；

（2）若归约数据集中 n 个变量全部检验完毕，则可计算得出数据分布差异程度 P_1。

2. 中心趋势特征的差异程度计算

在军事训练演习数据归约效果的评估中，通过分析样本（归约后数据集）的中心趋势统计量与总体（归约前数据集）相关参数之间的差异程度，能够较好地度量归约后数据集的"代表性"，差异性越小，代表性越强，说明归约效果越好。数据归约前后的中心趋势特征差异程度 P_2 的度量值通过以下公式进行计算：

$$P_2 = \left(\prod_1^n \frac{I(i)d_i}{\sum_{i=1}^n I(i)d_i} \right)^{\frac{1}{m}} \tag{6-5}$$

式中的计算结果是每个变量中心趋势特征差异程度的几何平均值，其中，$I(i)$ 为指示函数，当归约前后数据集中某一变量的中心趋势统计特征值存在显著性差异时，取值为 1，否则取值为 0。d_i 表示某个变量的检验统计量的实际计算值，统计量类型依据不同检验方法确定。例如，t 统计量、卡方统计量等，归约数据集的变量总数为 n，检验结果为显著性差异的变量个数为 m。

中心趋势统计特征表示的是数据集中某数据的"中心位置"或者数据分布的中心，与这种"位置"有关的统计数据就称为位置统计量。对于定比变量、定距变量和定序变量，描述中心趋势的统计量有均值、中位数、众数；对于定性变量（或称名义变量），描述中心趋势的统计量只有众数。表 6-1 介绍了常用的描述中心趋势特征的统计量。

表 6-1 常用的描述中心趋势特征的统计量

统计量	统计意义	特点
均值（Mean）	表示某变量的所有变量值的集中趋势或平均水平	适用于正态分布，且容易受极值或异常值干扰
中位数（Median）	一组数据中恰好使累积概率取 1/2 的变量值	较稳定，不易受极值或异常值干扰
众数（Mode）	一组数据中出现频数最多的变量值	可能不唯一，多用于定类变量

其中，均值又包含以下几类：最常用的算术平均数；几何平均数，用于计算平均比例，如平均训练合格率等；调和平均数，通常用于计算平均机动速度等。

综上所述，本节研究中心趋势特征的差异性分析是一个典型的单样本参数或非参数检验问题，检验过程中，需要区别不同的变量类型和总体分布特征。对于服从正态分布的定比或定距类型变量，采用单样本 t 检验进行均值差异性分析，对于非正态分布的变量则采用单样本非参数检验，其中对于定序、定比和定距类型的变量，采用威尔科克森（Wilcoxon）符号秩检验；对于定类类型变量，采用卡方优度拟合检验。需要说明的是，在进行各类变量差异程度的显著性检验前，必须通过上一小节介绍的分布特征差异性检验结果来确定该变量是否服从正态分布，从而确定检验方法。

在单样本参数检验中，主要检验归约后数据集中某个变量的均值与原数据集中相应变量的均值之间是否存在显著性差异，当归约后某变量的样本量很大时，采用 U 统计量作为检验统计量，否则，采用 t 统计量作为检验统计量，其中，U 统计量的定义如下：

$$U_n = \frac{n!}{m!(n-m)!} \sum_{1 \leqslant i_1 < \cdots < i_m \leqslant n} f_m(X_{i1}, \cdots, X_{im}) \tag{6-6}$$

式中，$X_1, \cdots, X_n$ 是独立同分布随机变量序列，$f_m(X_{i1}, \cdots, X_{im})$ 是一个实值 Borel 可测函数，在本节研究中定义 $f_1(X_1) = X_1$，表示待检验变量，则 $U_n = \overline{X}$，即为变量的平均值。t 统计量的定义如下：

$$t = \frac{\overline{X} - \mu_0}{\sigma / \sqrt{n}} \tag{6-7}$$

其中 n、μ_0、σ 分别表示待检验变量的样本数据、原数据集中相应变量的均值、标准差。

在单样本非参数检验中，采用 Wilcoxon 符号秩检验归约后数据集中某个变量的中位数与原数据集中相应变量的中位数之间是否存在显著性差异，将归约前后数据集中某一变量的中心位置之差的绝对值的秩分别按照不同的符号相加作为其检验统计量 S，其定义如下：

$$S = T^+ - \frac{n(n+1)}{4} \tag{6-8}$$

其中，n 为归约后数据集某变量的样本容量，符号秩和 $T^+ = \sum R^+$，其计算方法如下：给定原数据集中相应变量的中位数 M，求出归约后数据集中相应的待检验变量每个样本值 v_i 与其差值 $D_i = v_i - M$，按差值绝对值 $|D_i|$ 由小到大排列并确定秩 R，若差值为 0，则在排秩中丢弃，样本数目修正为 $n = n-1$，在排秩过程时，遇到相等差值，使用平均秩。一旦绝对差值的秩值 R 给出后，依据 D_i 的符号，将 R 分成正、负差值的两个部分秩值 R^+ 和 R^-，$T^+ + T^- = n(n+1)/2$，因此符号秩的平均值为 $n(n+1)/4$。

采用卡方优度拟合检验归约后数据集中某个变量众数的频数分布与原数据集中相应变量的期望分布是否存在显著差异，检验统计量为 Pearson 卡方统计量，其定义如下：

$$\chi^2 = \sum_{i=1}^{k+1} \frac{(O_i - E_i)^2}{E_i} \tag{6-9}$$

式中，k 表示 k 个互不相交的众数子集，1 表示除众数以外的其他数可看作一个子集，O_i 表示归约后数据集中的某一变量第 i 个子集的频数，E_i 表示归约前数据集中相应变量第 i 个子集的频数。当众数的个数为 1 时，也可采用二项式检验。

在中心趋势特征的差异度量值 P_2 的计算过程中，针对归约后数据集中的某一变量，获取其分布类型，基于不同的分布类型及变量类型，采用上述的检验方法进行检验，在给定的显著性水平下，如果实际得到的检验统计量 d_i 的值大于原数据集中相应变量的参数值，则认为二者之间存在显著性差异，其对应的指示函数 $I(i)$ 的值为 1，否则为 0。当所有变量检验完毕后，对所有 $I(i)$ 值为 1 所对应变量的 d_i 进行归一化处理，然后计算几何平均值，即可得到 P_2。

3. 离散趋势特征的差异程度计算

在军事训练演习数据归约效果的评估中，仅仅分析数据归约后数据集的"代表性"是不够的，还需要分析归约后数据集是否能保持原数据集的"可区分性"。也就是说，相对于原数据集，归约后数据集的离散趋势特征差异性越小，说明归约效果越好。数据归约前后的离散趋势特征差异程度 P_3 的度量值的计算公式与上述 P_2 相似，如下所示：

$$P_3 = \left(\prod_1^n \frac{I(i)s_i}{\sum_{i=1}^n I(i)s_i} \right)^{\frac{1}{m}} \tag{6-10}$$

式中的计算结果是每个变量离散趋势特征差异程度的几何平均值，其中，$I(i)$ 为指示函数，当归约前后数据集某一变量离散趋势统计特征值存在显著性差异时，取值为 1，否则取值为 0；s_i 表示某个变量的检验统计量的实际计算值。统计量类型依据不同检验方法确定。例如，卡方统计量、levene 统计量等，归约数据集的变量总数为 n，具有统计显著性差异的变量个数为 m。

离散趋势特征是用来度量、描述数据集中数据分布差异情况或离散程度的统计量。最常用的离散趋势指标是标准差，其他还有极差、方差、均值的标准误、变异系数、分位数等。表 6-2 介绍了常用的描述离散趋势特征的统计量。

表 6-2　常用的描述离散趋势特征的统计量

统计量	统计意义	计算公式
标准差(Standard Deviation)	描述变量关于均值的扰动程度	$S = \sqrt{\dfrac{1}{n-1}\sum_{i=1}^n (x_i - \overline{x})^2}$
方差(Variance)	标准差的平方	$S^2 = \dfrac{1}{n-1}\sum_{i=1}^n (x_i - \overline{x})^2$
均值的标准误差 (Standard Error of Mean)	均值的标准误差	$s.e(\overline{x}) = \dfrac{S}{\sqrt{n}}$

在军事训练演习数据归约效果评估中，主要采用方差这一统计量来分析数据归约前后

离散趋势特征的差异程度。同样，这也是一个典型的单样本参数检验问题，并且仅适用于定距和定比类型的变量，检验过程中，需要区别不同的总体分布特征。对于服从正态分布的变量，采用单样本卡方检验进行方差检验，对于非正态分布的变量则采用 levene 方差检验。

在单样本卡方检验中，主要检验归约后数据集中某个变量的方差与原数据集中相应变量的方差之间是否存在显著性差异，统计量的定义如下：

$$\chi^2 = \frac{(n-1)S^2}{\sigma^2} \tag{6-11}$$

式中，n 表示归约后数据集某变量值的个数，S^2 表示该变量的方差，σ^2 表示原数据集中相应变量的方差。

在 levene 方差检验中，其检验统计量 W 定义如下：

$$W = \frac{n(n-1)(\overline{X} - \overline{Z})^2}{\sum_{i=1}^{n}(|X_i - \overline{X}| - \overline{Z})^2} \tag{6-12}$$

式中，n 表示归约后数据集某变量值的个数，$\overline{X}$ 表示其平均值，$\overline{Z}$ 表示该变量在归约前后所有数据的平均值。

在中心趋势特征的差异度量值 P_3 的计算过程中，针对归约后数据集中某一变量，获取其分布类型，基于不同的分布类型，采用上述的检验方法进行检验，在给定的显著性水平下，如果实际得到的检验统计量 s_i 的值大于原数据集中相应变量的参数值，则认为二者之间存在显著性差异，其对应的指示函数 $I(i)$ 的值为 1，否则为 0。当所有变量检验完毕后，对所有 $I(i)$ 值为 1 所对应变量的 s_i 进行归一化处理，然后计算几何平均值，即可得到 P_3。

6.2.3 平均信息减少量

为定量比较数据集归约后信息量减少程度，本节提出了一种基于最大信息系数（MIC）的信息减少量的评估指标，即平均信息减少量，用 $MIC(D_i')$ 来表示。该指标可以衡量维归约后数据集各属性之间的冗余性及与决策目标的相关性，实现对数据集归约前后信息量减少量的评估。

1. 平均信息减少量定义

从信息论的角度上看，当归约后数据集的信息量与原数据集所含有的信息量相比，减少量越少则归约效果越好。信息量是衡量一个数据集不确定性程度的指标，当一个数据集冗余性越高时，其不确定性越小，即所包含的信息量越小，归约数据集冗余性越高，信息量越低，与原数据集所包含的信息量的减少量越大，归约效果越差；此外，当一个数据集内属性与决策目标的相关性越高，其不确定性越大，所包含的信息量越大，即归约数据集内属性与决策目标的相关性越高，信息量越大，与原数据集所包含信息量的减少量越小，归约效果越好。因此，本节提出平均信息减少量这一评估指标，该指标基于最大信息系数

（MIC）计算出数据集归约前后的平均信息减少量，定义如下：

定义 6 - 3　设原数据集 D，A_1，A_2，$\cdots$，A_m 为归约后数据集 D' 的属性集合，C 为决策目标，平均信息减少量 $\text{MIC}(D')$ 如下式所示：

$$\text{MIC}(D') = \frac{\sum_{l \neq q \in \{1, \cdots, m\}} \text{mic}(A_l, A_q)}{m(m-1)/2} - I(i) \frac{\sum_{l=1}^{m} \text{mic}(A_l, C)}{m} \tag{6-13}$$

其中 $\text{mic}(A_l, A_q)$ 表示任意属性对 $<A_l, A_q>$ 的最大信息系数，反映了属性 A_l、A_q 之间的冗余性。$I(i)$ 为指示函数，当数据集有决策属性 C 时，$I(i)=1$；反之，$I(i)=0$。$\text{mic}(A_l, C)$ 表示属性 A_l 与决策目标 C 的最大信息系数，反映了属性 A_l 与决策目标 C 之间的相关性。

由上文可知，数据集归约前后信息减少量的比较可以转换为归约数据集属性之间冗余性及与决策目标的相关性的比较分析。鉴于最大信息系数度量变量间相关性的优秀性能，本节采用最大信息系数（MIC）这一技术对冗余性和相关性进行度量，从而实现对平均信息减少量的评估。2011 年，学者 David N. Reshef、Yakir A. Reshef 等人在 Science 上首次提出最大信息系数这一技术。直观上，最大信息系数是基于这样一种思想：如果两个变量之间存在某种关联，那么在这两个变量的散点图上可以用网格划分这些点并将关联封装起来。因此，为了计算两个变量的 MIC，需要遍历所有网格方案，找到一组 (x, y) 的整数值，使得通过 $x \times y$ 的网格获得最大的互信息。将所得到的最大互信息值标准化到区间 $[0, 1]$ 中以便于公平比较。定义特征矩阵 $\boldsymbol{M} = (m_{x, y})$，其中 $m_{x, y}$ 为 $x \times y$ 网格得到的互信息最大值，MIC 则取 $\boldsymbol{M}$ 中最大值。MIC 与特征矩阵 $\boldsymbol{M}$ 的定义如下：

给定一对变量的数据空间 D，将 D 中的 X 值划分为 x 份，将 Y 值划分为 y 份（允许空的划分）。将这样的划分称为一个 $x \times y$ 的网格。给定一个网格 G，$D|_G$ 表示 D 中的数据点落入网格 G 的每一个单元格的分布情况。对于同一个 D，不同的网格 G 会有不同的数据分布 $D|_G$。

定义 6 - 4　给定一个有限集 $D \subset R^2$，及整数 x，y，定义

$$I^*(D, x, y) = \max I(D|_G) \tag{6-14}$$

其中最大值遍历了所有含有 x 列 y 行的网格 G，$I(D|_G)$ 是 $D|_G$ 的互信息。

下面给出特征矩阵及 MIC 的定义

定义 6 - 5　二维（即一对变量）数据集 D 的特征矩阵 $\boldsymbol{M}(D)$ 定义为

$$M(D)_{x, y} = \frac{I^*(D, x, y)}{\text{lbmin}\{x, y\}} \tag{6-15}$$

定义 6 - 6　数目为 n 的二维（即一对变量）数据集 D 的最大信息系数 MIC（网格的大小小于 $B(n)$）定义为

$$\text{MIC}(D) = \max_{xy < B(n)} \{M(D)_{x, y}\} \tag{6-16}$$

其中 $B(n) = n^{0.6}$。注：如果没有特别说明，本节默认 $B(n) = n^{0.6}$，这是由大量实验得到的理想数值。

图 6-1 为 MIC 的计算示意图，共分为三个步骤：(a)所示为每一属性对(x, y)计算其 MIC，由 MIC 算法找出具有最大互信息的 $x×y$ 的网格划分方案；(b)所示为算法标准化得到的互信息值，以此形成一个矩阵用来存储对于每一个 $x×y$ 的最佳网格划分方案标准化后的互信息值；(c)所示的矩阵中将这些标准化后的互信息值可视化为一个曲面，这个曲面中最高的点对应 MIC。

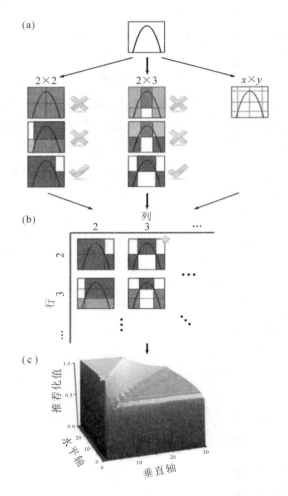

图 6-1　文献[13]中 MIC 计算示意图

2. 平均信息减少量算法实现关键步骤

在基于最大信息系数的平均信息减少量算法实现中，重点在于计算 $mic(A_1, A_q)$ 时如何生成特征矩阵，而其中的关键是寻找最佳的 x 轴和 y 轴划分。首先考虑当 y 轴已经划分好的情况。

(1) 函数 OptimizeXAxis。

利用启发式函数 OptimizeXAxis 实现特征矩阵的生成。给定一个固定的 y 轴划分，函数 OptimizeXAxis 能够生成得到最大互信息的 x 轴划分。对于任何离散变量(X, Y)，

$I(X;Y)=H(X)+H(Y)-H(X,Y)$，其中 $H(.)$ 表示信息熵。对于本文的情况，所有的划分 P，Q，$I(P;Q)=H(P)+H(Q)-H(P,Q)$。由于 Q 固定，函数 OptimizeXAxis 只需要遍历划分 P 使得 $H(P)-H(P,Q)$ 最大，即可保证获得 $I(P;Q)$ 的最大值。该过程可以用算法 6-1 伪代码来描述。

算法 6-1 函数 OptimizeXAxis

Algorithm：OptimizeXAxis(D，Q，x)

Input：a set of ordered pairs D；

 a y-axis partition of D，Q；

 an integer greater than 1，x；

Output：a list of scores$(I_{k,2}，\cdots，I_{k,x})$ that each I_l is the maximum value of $I(P;Q)$ over all partitions P
 of size l；

1　$<c_0，\cdots，c_k> \leftarrow$ GetClumpsPartition(D，Q)

 / * Find the optimal partitions of size 2 * /

2　for $t=2$ to k do

3　 Find $s\in\{1，\cdots，t\}$ maximizing $H(<c_0，c_s，c_t>)$ $-H$ $(<c_0，c_s，c_t>，Q)$

4　 $P_{t,2}\leftarrow<c_0，c_s，c_t>$

5　 $I_{t,2}\leftarrow H(Q)+H(P_{t,2})$ $-H$ $(P_{t,2}，Q)$

6　end for

 / * Inductively build the rest of the table of optimal partitions * /

7　for $l=3$ to x do

8　 for $t=l$ to k do

9　 Find $s\in\{l-1，\cdots，t\}$ maximizing

$$F(s，t，l):=\frac{c_s}{c_t}(I_{s,l-1}-H(Q))-\frac{c_t-c_s}{c_t}H(<c_s，c_t>，Q)$$

10　 $P_{t,l}\leftarrow P_{s,l-1}\bigcup c_t$

11　 $I_{t,l}\leftarrow H(Q)+H(P_{t,l})-H(P_{t,l}，Q)$

12　 end for

13　end for

14　$P_{k,l}\leftarrow P_{k,k}$ for $l\in(k，x]$

15　$I_{k,l}\leftarrow I_{k,k}$ for $l\in(k，x]$

16　return （$I_{k,2}，\cdots，I_{k,x}$）

（2）函数 EquiparititionYAxis。

对于任意整数的 $x\times y$ 划分方案，函数 OptimizeXAxis 必须遍历 y 轴上任意一种 y 个划分，才能得到最佳划分方案，但是这是不切实际的。因此，互信息小于等于一个轴平均划分所得到的信息熵（注：平均划分是指使得每一个划分集内包含的数据点的数目相同），我们在具体实现中只考虑 y 轴平均划分的情况。该过程可以用算法 6-2 伪代码来描述。

算法 6 - 2　函数 EquiparititionYAxis

Algorithm：EquiparititionYAxis(D，y)

Input：a set of ordered pairs D；

　　　　An integer greater than 1，y；

Output：a map Q：$Q(p)$ is the row assignment of the point p and there is approximately the same number
　　　　of points in each row

1　$D \leftarrow$ SortInIncreasingOrderByYValue(D)

2　$i \leftarrow 1$

3　currRow $\leftarrow 1$

4　desiredRowSize $\leftarrow n/y$

5　repeat

6　　$S \leftarrow \{(a_j，b_j) \in D：b_j = b_i\}$

7　　$\# \leftarrow |\{(a_j，b_j) \in D：Q(a_j，b_j) = \text{currRow}\}|$

8　　if $\# \neq 0$ and $|\#+S\text{-desiredRowSize}| \geqslant |\#\text{-desiredRowSize}|$ then

9　　　　currRow $\leftarrow$ currRow$+1$

10　　　desiredRowSize $\leftarrow (n-i+1)/(y-\text{currRow}+1)$

11　　end if

12　　$Q((a_j，b_j)) \leftarrow$ currRow for every $(a_j，b_j) \leftarrow S$

13　　$i \leftarrow i+|S|$

14　until $i > n$

15　return Q

6.3　基于用户兴趣度的数据归约效果评估方法

6.3.1　问题描述及基本概念

设原数据集 D，经过不同归约方法 F_1，F_2，$\cdots$，F_n 处理后得到相应的数据子集 D'_1，D'_2，$\cdots$，D'_n，定义用于评估各数据子集的效应量如下：

$$J(D'_i) = w_1 c_1(D'_i) + w_2 c_2(D'_i) + w_3 c_3(D'_i)，i=1，2，\cdots，n \qquad (6-17)$$

其中 w_1、w_2、w_3 对应于三个评估数据子集指标的权重，权重的确定与用户兴趣有关；c_1 表示数据集归约前后数据量改变程度的指标，与数据蒸发率有关；c_2 表示归约前后数据分布差异程度的指标，与统计检验的效应量有关；c_3 表示归约前后数据集信息量变化程度的指标，与基于最大信息系数（MIC）的平均信息减少量有关。c_1、c_2、c_3 三个指标均可表示为论域 $\Omega = \{D'_1，D'_2，\cdots，D'_n\}$ 上的模糊子集，有 $c_j：\Omega \rightarrow [0，1]$（$j=1，2，3$），以 c_1 为例，其物理含义是用户对归约方法 F_i 得到的数据子集 D'_i 在归约前后数据量改变上的满意程度，$c_j(D'_i)$ 越接近 1，越能让用户满意，若 $c_j(D'_i) = 0$，则数据子集 D'_i 在指标 c_j 上完全不能让用户满意，如若严格要求，对于不同用户 $c_j(D'_i)$ 应不一样，为顺利评估，可在此较多考虑用户的差异统一设计计算 $c_j(D'_i)$ 的方法。

由 $E_{\mathrm{w}}(D_i')$ 的定义可知，其值越大，归约前后的数据量改变程度越大，数据集在数据量上的归约程度越好，在 c_1 的指标上越能得到用户的满意，因此可设计单调增函数 ϕ_1，使得

$$c_1(D_i') = \phi_1(E_{\mathrm{w}}(D_i')) \in [0, 1] \tag{6-18}$$

本节选用函数 ϕ_1 为

$$c_1(D_i') = \frac{E_{\mathrm{w}}(D_i') - \min_i\{E_{\mathrm{w}}(D_i')\}}{\max_i\{E_{\mathrm{w}}(D_i')\} - \min_i\{E_{\mathrm{w}}(D_i')\}} \tag{6-19}$$

由 $D_{\mathrm{p}}(D_i')$ 的定义易知，其值越小，则归约后数据集 D_i' 与原数据集数据统计特征的差异程度越小，在 c_2 的指标上越容易让用户满意，因此可设计单调减函数 ϕ_2，使得

$$c_2(D_i') = \phi_2(D_{\mathrm{p}}(D_i')) \in [0, 1] \tag{6-20}$$

本节选用的函数 ϕ_2 如下：

$$c_2(D_i') = \frac{\max_i\{D_{\mathrm{p}}(D_i')\} - D_{\mathrm{p}}(D_i')}{\max_i\{D_{\mathrm{p}}(D_i')\} - \min_i\{D_{\mathrm{p}}(D_i')\}} \tag{6-21}$$

由 $\mathrm{MIC}(D_i')$ 的定义可以看出，$\mathrm{MIC}(D_i')$ 越小，归约后的数据集 D_i' 的冗余性越小，与决策目标的相关性越大，平均信息减少量越小，在 c_3 的指标上越能让用户满意，与上述内容类似，可设计单调减函数 ϕ_3，使得

$$c_3(D_i') = \phi_3(\mathrm{MIC}(D_i')) \in [0, 1] \tag{6-22}$$

本节中 ϕ_3 的设计与 ϕ_2 相同，于是

$$c_3(D_i') = \frac{\max_i\{\mathrm{MIC}(D_i')\} - \mathrm{MIC}(D_i')}{\max_i\{\mathrm{MIC}(D_i')\} - \min_i\{\mathrm{MIC}(D_i')\}} \tag{6-23}$$

至此三个与数据集归约质量相关的指标均转化到相同粒度中，为有效评估奠定了基础。

6.3.2　基于用户兴趣度的权重子空间

式(6-17)中包含了对应于 3 个指标的权重(w_1、w_2、w_3)，这 3 个权重遵守约束：$w_j \geqslant 0 (j = 1, 2, 3)$，$\sum_{j=1}^{3} w_j = 1$，所有满足此约束的三元组($w_1$，$w_2$，$w_3$)构成了权重空间：

$$W = \{(w_1, w_2, w_3) \mid w_j \geqslant 0, \sum_{j=1}^{3} w_j = 1, \quad j = 1, 2, 3\} \tag{6-24}$$

如图 6-2 所示，阴影部分即为权重空间。

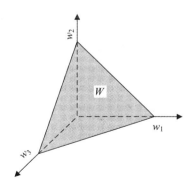

图 6-2　用户兴趣度权重空间示意图

在不同用户看来，3 个指标的重要性不一样，表现在权重上则为权重的大小关系，例如某用户认为数据集归约最重要的是能够尽可能地降低归约后的数据量，而后是数据集信息的减少量尽可能小，最后才考虑归约前后数据分布的差异程度，因此在该用户看来，指标 c_1 最重要，其次是 c_3，最后是 c_2，表现在权重的大小关系上有 $w_1 > w_2 > w_3$，这样便缩小了权重选择的范围，有

$$\hat{W} = \{(w_1, w_2, w_3) \mid w_1 > w_3 > w_2 \geqslant 0, \sum_{j=1}^{3} w_j = 1\} \qquad (6-25)$$

如图 6-3 所示，可以看到将该用户的偏好考虑其中时，得到的 $\hat{W}$ 为权重空间 W 的子空间，称之为权重子空间，而用户的这些偏好则称为用户兴趣度，接下来将讨论如何根据用户兴趣度对多个数据集归约方法进行评估，使得评估结果更加符合用户需要。

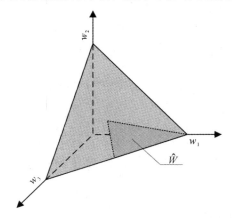

图 6-3　权重子空间示意图

最为理想的情况是用户兴趣度表现为权重空间中的一个点，即 w_1、w_2、w_3 都有特定的值。此时只需将这些权重，以及计算得到的 $c_j(D_i')(i=1, 2, \cdots, n; j=1, 2, 3)$ 代入到式(6-17)中，便可得到各数据集归约方法的效应量 $J(D_i')$，甚至可根据 $J(D_i')$ 对各数据集归约方法进行优劣排序。然而对于用户而言，直接给出 3 个权重难度很大，有时候用户甚至不知道自己认为的指标间重要性关系，得不到图 6-2 所示的权重大小关系，需要根据与用户有关的历史数据分析用户的兴趣所在。假设某用户曾多次对所设计的数据集归约方法进行过分析与选用，选用的数据集归约方法放入集合 $\hat{F}$ 中，相应的数据子集均放入集合 $\hat{D}$ 中，弃用的数据集归约方法放入集合 $\underset{\sim}{F}$ 中，相应的数据子集均在集合 $\underset{\sim}{D}$ 中，用户不可能也难以给出对指标的偏好，因此需要充分利用这些历史数据。一般认为集合 $\hat{F}$ 中的方法更符合用户的兴趣，在用户看来较集合 $\underset{\sim}{F}$ 中的方法要好，若已知相应数据子集的效应量，则对于 $D_k' \in \hat{D}$，$D_l' \in \underset{\sim}{D}$，都有 $J(D_k') > J(D_l')$，又 $\forall D' \in \hat{D} \bigcup \underset{\sim}{D}$，根据式(6-19)、式(6-21)、式(6-23)，均可计算出 $c_1(D')$、$c_2(D')$、$c_3(D')$，理论上给定权重向量 $\boldsymbol{w} = (w_1, w_2, w_3)$ 可计算出在权重向量 $\boldsymbol{w}$ 下的效应量 $J_w(D')$：

$$J_w(D') = w_1 c_1(D') + w_2 c_2(D') + w_3 c_3(D') \tag{6-26}$$

假设用户的兴趣度表现为权重子空间 $\hat{W}$，因为对于 $D'_k \in \hat{D}$，$D'_l \in \underset{\smile}{D}$，有 $J(D'_k) > J(D'_l)$，若 $w = (w_1, w_2, w_3) \in W$ 使得 $\forall D'_k \in \hat{D}$，$\forall D'_l \in \underset{\smile}{D}$，都有

$$w_1 c_1(D'_k) + w_2 c_2(D'_k) + w_3 c_3(D'_k) > w_1 c_1(D'_l) + w_2 c_2(D'_l) + w_3 c_3(D'_l) \tag{6-27}$$

则 $w \in \hat{W}$，此时可得到与用户兴趣度有关的权重子空间（如图 6-4 所示）：

$$\hat{W} = \{ w = (w_1, w_2, w_3) \mid \forall D'_k \in \hat{D}, \quad D'_l \in \underset{\smile}{D} \Rightarrow J_w(D'_k) > J_w(D'_l),$$

$$w_1, w_2, w_3 \geqslant 0, \sum_{j=1}^{3} w_j = 1 \}$$

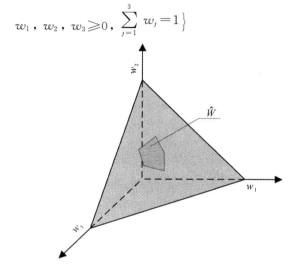

图 6-4　与用户兴趣度相关的权重子空间

6.3.3　数据集归约效果评估算法

首先计算权重子空间 $\hat{W}$ 所构成的超平面的面积：

$$S_{\hat{w}} = \int_{\hat{W}} \mathrm{d}\boldsymbol{w} \tag{6-28}$$

用 $A_0(D'_i, \boldsymbol{w})$ 表示给定权重向量 $\boldsymbol{w}$ 下需评估归约方法 F_i 优于集合 $\underset{\smile}{F}$ 中所有方法的标识，即

$$A_0(D'_i, \boldsymbol{w}) = \begin{cases} 1, & J_w(D'_i) \geqslant \max\{J_w(D'_l) \mid D'_l \in \underset{\smile}{D}\} \\ 0, & \text{其他} \end{cases} \tag{6-29}$$

则可计算出归约方法 F_i 的可接受程度：

$$a_{F_i} = \frac{\int_{\hat{w}} A_0(D'_i, \boldsymbol{w}) \mathrm{d}\boldsymbol{w}}{\int_{\hat{w}} \mathrm{d}\boldsymbol{w}} \tag{6-30}$$

从上式中可以看到，归约方法 F_i 的可接受程度其物理意义是使方法 F_i 接受的所有权

重向量构成的超平面面积与权重子空间超平面面积的比值，其值越大，越吻合用户的兴趣，越容易为用户接受。因此，用可接受程度 a_{F_i} 代替效应量 $J(D_i')$，对各数据集归约效果进行评估。考虑到三重积分的计算难度，本节给出基于蒙特卡洛仿真的近似解法——随机多准则可接受程度分析方法，其伪代码如下所示：

算法 6 - 3　函数 Acceptable Coefficient

Function：Acceptable Coefficient (D_i', T)

Input：Reduction dataset D_i'；

　　　The number of iterations T

Output：Acceptable Coefficient a_{F_i} of Method F_i

1 $t=1$；Count$=0$；

2 calculate $c_1(D')$，$c_2(D')$，$c_3(D')$；

3 repeat until $t=T$

　　a　choose $w(t)$ from $\widehat{W}$ randomly；

　　b　calculate $A_0(D_i'，w(t))$；

　　c　if $A_0(D_i'，w(t))=1$，Count$=$Count$+1$；

　　d　$t++$；

4 output　$a_{F_i}=\dfrac{\text{Count}}{T}$

综上所述，本节提出的基于用户兴趣度的数据集归约效果评估方法的伪代码（见算法 6-4）及流程图如图 6-5 所示。

算法 6 - 4　算法伪代码

Input：An original dataset D and its several reduction datasets D_1'，D_2'，$\cdots$，D_n'

　　　The number of iterations T

Output：A score set S

1. Initialize：$S=\varnothing$.

2. $i=1$.

3. repeat until $i=n$.

　　a. Acceptable Coefficient $(D_i'，T)$.

　　b. set $S=S+\{a_{F_i}\}$.

　　c. $i=i+1$.

4. sort S as ascending order

5. Output the score set S.

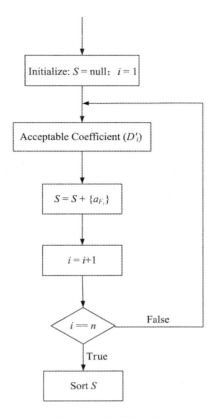

图 6-5　算法流程图

本 章 小 结

　　针对不同归约数据集缺乏统一评估标准的现状，本章综合考虑现有的归约效果评估参数，着眼解决归约前后数据集体积减小程度、归约后的数据集是否能够较好地代表原始数据集，以及数据集归约前后的信息量减少程度等关键评估问题，提出了一种基于最大信息系数（MIC）的平均信息减少量评估参数指标，该参数可以量化归约数据集属性之间冗余性和与类标号属性的相关性，从而实现对归约前后数据集信息减少量的定量计算。在此基础上，本章提出了一种基于用户兴趣度的归约数据集评估方法，该方法将数据减少量、归约数据集与原数据集之间的统计特征差异程度以及平均信息减少量三个方面作为综合评估指标，三个评估指标的权重的确定与用户兴趣有关，利用随机多准则可接受程度分析方法估计出用户对数据集归约效果的可接受程度，为实现面向不同用户兴趣的数据归约方案优化选择及推荐奠定了基础。

参 考 文 献

［1］　康睿智，郝文宁. 数据归约效果评估方法研究［J］. 计算机工程与应用，2016，52(15)：4.

［2］ 林国平，李进金. 基于绝对信息量的覆盖增量约简算法［J］. 模式识别与人工智能，2011,24(2):210-214.

［3］ 马建敏，张文修，朱朝晖，等. 基于信息量的序信息系统的属性约简［J］. 系统工程理论与实践,2010,30(9):1679-1683.

［4］ 童先群，周忠眉. 基于属性值信息熵的 KNN 改进算法［J］. 计算机工程与应用,2010,46(3):115-117.

［5］ 常犁云，王国胤，吴渝，等. 一种基于 Rough Set 理论的属性约简及规则提取方法［J］. 软件学报,1999,10(11): 1206-1211.

［6］ RESHEF D N，RESHEF Y A，FINUCANE H K，et al. Detecting novel associations in large data sets［J］. Science,2011, 334(6062):1518-1524.

［7］ 战泉茹. 基于最大信息系数的人脸特征选择［D］. 长春：东北师范大学,2013.

［8］ 蒋杭进. 最大信息系数及其在脑网络分析中的应用［D］. 北京：中国科学院大学,2013.

第 7 章　基于本体的大数据归约系统架构及关键技术

在前面章节构建的数据归约本体模型的基础上，本章提出基于本体的知识表示和逻辑推理的数据归约系统的体系架构，着眼于解决数据归约中的智能化辅助决策的难点问题，重点研究在数据归约本体支撑下，数据归约方案制订中的业务目标自动推荐、工作流模式自动选择及优化等关键技术。

7.1　基于本体的大数据归约系统体系架构

基于本体的知识表示和逻辑推理的功能，大数据归约系统的体系架构如图 7-1 所示。基于本体的大数据归约系统体系架构从逻辑层次上分为服务支撑层、本体支撑层和应用层。

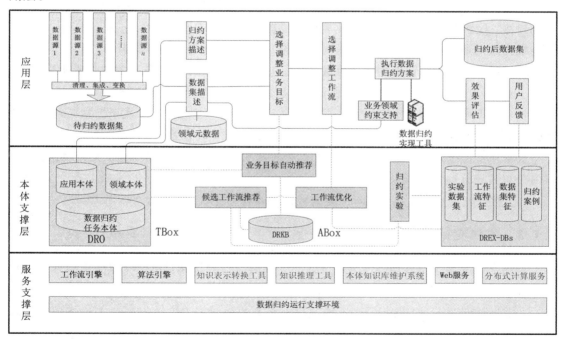

图 7-1　基于本体的大数据归约系统体系架构示意

7.1.1　服务支撑层

服务支撑层主要为大数据归约系统提供通用的计算服务和运行支撑环境，主要包括以下功能组件：

（1）工作流引擎，为数据归约方案中的工作流的调度、解释、执行提供支撑，可采用 JBPM、OBE、Shark 等非 PetriNet 调度算法的开源工作流引擎，或者 YAWL、Bossa 等

PetriNet 调度算法的开源工作流引擎。本节的研究采用 JBPM 作为工作流引擎。

（2）算法引擎，主要为工作流中各个任务节点的相关算法提供实现接口，可采用 Weka、RepidMiner、IBM SPSS Modeler、IBM SPSS Statistics 等具有开放的数据预处理、统计、分析、挖掘接口的工具包或软件系统。

（3）知识表示转换工具，主要完成数据归约本体的建立、归并、整合，不同本体语言和格式间的转换，以及数据归约知识库的 OWL 表示，可选的工具有斯坦福大学开发的 Protégé、曼彻斯特大学开发的 OILEd、卡尔斯鲁厄大学开发的 OntoEdit 和马德里技术大学开发的 WebODE 等本体建模工具。本节采用 Protégé 作为数据归约本体的可视化构建、维护和转换工具。

（4）本体知识库维护系统，主要为分布式环境下构建和管理大规模、动态、异构数据归约本体提供通用的框架及软件平台，能够支持本体建模、进化、发布和评估等本体全生命周期管理，可选的系统有 IBM SNOBASE、欧盟 IST 的 DIPOMS、英国 BTAC 的 DOME 等。需要说明的是，在小规模应用中，不用建立此类系统。本节采用 SNOBASE 作为分布式的本体资源库管理系统。

（5）知识推理工具，主要提供基于数据归约本体知识库中的概念可满足性、包含关系、实例检测、检索和实现等推理及优化服务，可选的有工具 Pellet、Racer 和 FaCT＋＋等基于传统描述的逻辑推理，以及基于规则推理的 Jess 和 Jena 等本体推理引擎。在本节中，采用 Racer 对数据归约知识库的概念可满足性、包含关系以及本体演化等提供技术实现手段；采用 Jena 作为数据归约知识库的实例检测、检索和实现等功能的开发工具。

（6）Web 服务，为其他应用系统提供数据归约的 Web 服务支持，属于数据归约系统的增强服务，可根据需要建立。本节尚未实现数据归约的 Web 服务。

（7）分布式计算服务，为海量数据归约处理提供一个分布式计算平台，采用 Apache 提供的分布式计算框架 Hadoop。

（8）数据归约运行支撑环境，主要为数据归约处理提供网络、服务器等基础环境。

7.1.2　本体支撑层

本体支撑层基于由数据归约本体（DRO）、数据归约知识库（DRKB）和数据归约实验数据库（DREX-DB）组成的数据本体知识库，以及服务支撑层提供的知识表示转换和推理等功能，主要为军事训练演习数据归约系统提供业务目标辅助推荐、数据归约工作流辅助推荐和数据归约工作流优化，以及通过归约实验获取数据归约元数据等智能技术支持。

1. 业务目标辅助推荐

业务目标辅助推荐指的是系统依据用户指定的业务对象，基于本体的推理机制，自动为用户推荐可用的数据归约任务及相关数据资源，实现系统用户对数据资源组成、结构及数据归约技术细节的屏蔽作用。针对系统用户确定的待处理业务对象，通过业务领域本体中的实体间的关系推理确定与待处理业务对象相关的实体对象，通过每类实体的 hasDataResourceSet 关系推理确定相应的数据资源，基于业务领域本体中 DataResourceSet

和归约任务本体中 DataSet 的等价关系，利用各类实体数据资源本体的概念定义、关系及相关公理和断言，推理得到适用于待处理业务对象的数据归约任务或策略。下面以某能力标准数据归约为例，说明基于本体的数据归约业务目标自动推荐的推理思路。DRKB 中相关本体的描述逻辑表达如下：

（1）　{ ＊ ＊ ＊ FireStrikeCapabilities}⊆FireStrikeCapabilityStatus

　　　　　　　　FireStrikeCapabilityStatus⊆

（2）　numOf. StrikeTarget∩timeOfFirePreparation. FirePlan∩

　　　numOfInfoProcessing. OpreationalTarget∩

　　　ofCapability. OperationalOrganization∩numOf. FiringUnit

（3）　{ds1}⊆∀ hasDataResourceSet. FireStrikeCapabilityStatus

（4）　{tb_FireStrikeCapabilityStatus}⊆∀ LabeledDataTable. {ds1}

（5）　{fact_FireStrikeCapabilityStatus}⊆∀ hasFactMeasuring. {tb_striketarget}

（6）　{ds2}⊆∀ hasDataResourceSet. StrikeTarget

（7）　{tb_striketarget}⊆∀ LabeledDataTable. {ds2}

（8）　{dimesion_striketarget}⊆∀ hasDimesion. {tb_striketarget}

（9）　{ds3}⊆∀ hasDataResourceSet. FirePlan

（10）　{tb_fireplan}⊆∀ LabeledDataTable. {ds3}

（11）　{dimesion_fireplan}⊆∀ hasDimesion. {tb_fireplan}

（12）　……其他实体的数据资源断言

（13）　{ds1，ds2，…}⊆

　　∀ hasFormat. StructedDataFormat∩∀ hasDataModel. AlgebraicDataModel

（14）　LabeledDataSet≡DataSet∩∃ hasTable. LabeledDataTable

（15）　DataSet⊆DR_Data

（16）　DR_Data⊆

　　（≤1hasMapping. DataResourceSet）∩（≥1hasMapping. DataResourceSet）

（17）　DataCube⊆∀

　　hasFormat. StructedDataFormat∩∀ hasDataModel. AlgebraicDataModel

　　∃ hasFactMeasuring. LabledDataTable∩∃ hasDimesion. LabledDataTable

（18）　DR_Data∩DR_Task⊆⊥

（19）　DR_Task⊆∃ specifiesInputClass. IOClass

（20）　DR_Data⊆IOClass

（21）　MeasuringBasedReducitonTask⊆NumerosityReductionTask

（22）　NumerosityReductionTask⊆DR_Task

（23）　MeasuringBasedReducitonTask⊆∀ specifiesInputClass. DataCude

（24）　isSpecifiesInputClassOf≡specifiesInputClass⁻

(25)　　T⊑≤d1isSpecifiesInputClassOf

　　其中表达式(1)、(2)表明了某个作战实体的火力打击能力标准的实例、相关实体及关系的术语包含(或称蕴涵)断言;表达式(3)～(12)表明了与上述实体相关的数据资源、数据集、命名数据表及主要关系等断言;表达式(13)表明了当前的数据集是结构化数据,其数据模型为代数模型;表达式(14)～(17)表明了命名数据表的定义、领域本体中数据资源集合与任务本体中数据集之间的等价关系,以及数据立方体的定义;表达式(18)～(20)表明了归约数据、归约任务及其输入之间的关系;表达式(21)～(23)表明了基于度量的数据归约任务、数值归约任务的关系,以及基于度量的数据归约任务,适用于作为数据立方体输入;表达式(24)～(25)表明了 isSpecifiesInputClassOf 是一种函数关系。基于以上的描述逻辑,可推理出如下隐含知识:

(26)　　{ ＊ ＊ ＊ FireStrikeCapabilities}⊑ ∀ hasDataResourceSet. {ds1, ds2, …}

(27)　　hasDataResourceSet. { ＊ ＊ ＊ FireStrikeCapabilities}∩

¬isSpecifiesInputClassOf. NumerosityReductionTask⊑⊥

　　其中,表达式(26)表明了待归约的数据集组成,表达式(27)表明了当前数据集适合使用数值归约方法中的立方体聚集计算进行归约处理。当然,依据 MTDRKB 其他断言,将会得出更多的结论。

2. 数据归约工作流辅助推荐

　　数据归约工作流辅助推荐指的是系统依据用户指定的数据归约任务,基于 MTDRKB 中的知识搜索,构建完成当前任务的候选工作流集合,为用户制订归约计划提供辅助支持,同时对用户屏蔽数据归约流程及其相关算法实现等技术细节。其基本思路如下:

　　基于数据归约任务本体,通过分析数据归约任务(DR_Task)的完成(Achieve)关系,获得相关的归约操作(DR_Operation);通过分析归约操作的执行(Execute)关系,获取相关的节点操作符(DR_Operator),分析每个操作符的实现(Implement)关系,获取相关的数据归约算法(DR_Algorithm);通过被拥有(beNodeOf)关系(该关系是拥有节点(hasNode)关系的逆关系),得到相应的数据归约工作流(DR_Workflow),将工作流表示为层次有向图,然后简化为利用解析树(ParseTree)表示的泛化工作流,进一步扩展解析树形成扩充解析树,利用 TreeMiner 实现数据归约工作流的频繁模式挖掘,导出数据归约工作流子树集合,每个子树表示一个候选工作流。此部分相关的实现细节在第 7.2 节进行详细论述。

3. 数据归约工作流优化

　　数据归约工作流优化指的是依据数据归约的先验知识,对上述各个候选工作流进行评估,针对不同的数据集特征,得到与特定数据归约任务相匹配、符合用户工作实际需求和期望的工作流优化选择规则。

　　基于 MTDRKB 推理获得的候选工作流,更多表示的是与某个归约任务相关的多种数据归约算法在理论意义上的组合,针对不同特征的数据集,每个工作流都有不同的归约效果和工作效率。另外，用户对于不同的数据归约任务有着不同的期望，例如，用户可能期望海量非结构化的数据归约结果能够尽量减小数据集体积，期望部队作战能力方面的数据归约能尽量保留原有数据集的统计特征，等等。因此，分析挖掘由用户兴趣、数据集及归约工作流特征组成的先验知识数据集，得到用于数据流选择的决策树规则，能够有效提高系统推荐工作流的针对性和适用性。

表示用户兴趣、数据集及归约工作流特征等数据归约先验知识的数据称为数据归约元数据，其来源主要有两个渠道：一是技术人员进行的数据归约实验，二是系统用户进行数据归约工作。对数据归约元数据进行挖掘，获得工作流选择规则的过程，称为数据归约元挖掘。基于元挖掘的数据归约工作流优化选择方法在第 7.3 节进行详细论述。

7.1.3　应用层

大数据归约系统的应用层主要完成数据归约的业务功能，其具体的业务流程见第 2.2.2 小节相关内容。

在领域大数据汇聚处理中，通过采集获得的不同来源的数据，经过清理、集成和转换后，形成待归约数据集。在数据归约方案制订过程中，利用事先构建的应用本体，对数据归约方案进行描述和定义；利用领域本体，结合领域元数据，对待归约数据集进行描述和定义。其中，领域本体描述相关实体的概念框架及其关系，用于支撑后续业务目标和工作流选择中的知识推理；领域元数据详细定义了每个实体对应数据集的组成、结构、属性类型、取值范围及约束等内容特征，用于支撑后续数据归约方案执行所需的数据资源读写访问、格式解析和计算约束等。

上述的元组归约、值归约、维归约和数据压缩方法对于不同特征的数据集有着不同的适用性，在数据归约业务目标确定过程中，对于不具备数据归约专业技术知识背景的系统用户而言，针对特定的数据集，选择具有较好适用性的数据归约方法是一个较大的挑战。因此，需要借助第 7.1.2 小节所述的数据归约业务目标辅助推荐功能，完成业务目标的自动选择或调整。

7.2　基于数据归约任务本体的数据归约工作流模式挖掘

数据归约工作流（Data Reduction Workflows）中存在大量可重用结构。例如，文档归约工作流中的文本分词操作符（Operator）后面常跟着特征权重计算操作符来进行文本的特征提取。这里虽然仅涉及单个操作符，但这一类可重用结构是非常有用的，即第一个操作符可以被其他单变量特征加权操作符替代。引入频繁模式搜索方法检测工作流中具有强支持度的可重用模式时，常常需要将某些特定操作符泛化为更广义的算法类，这就是引入数据归约任务本体（DRTO）的意义所在。如图 2 - 16 所示的工作流，沿着 executes 从基本的 DR-Operations 操作链接到 DR-Operators 操作符，然后通过操作符链接到 DR-Algorithm

算法，从而理解算法间的分类学与非分类学性质与关系。简而言之，DRO本体建模的先验知识可用于支持搜索数据挖掘工作流中的泛化模式，类似于文献[14]采用频繁模式挖掘方法抽取的广义序贯模式。

7.2.1 数据归约工作流的泛化表示

1. 层次 DAG 表示

数据归约工作流可以形式化为有向无环图（Directed Acyclic Graphs，DAG），图中节点表示操作符，边表示输入/输出对象。由于节点是复合操作符（如交叉验证（Cross-validation）操作符本身也是工作流），因此，更准确地说，数据归约工作流可以形式化为一个层次 DAG 图。图 7-2 给出了海量文档归约工作流的层次 DAG 图表示，图中包含 5 个步骤：基于 SegmentByK-single 操作符的文本分词，基于 WeightByTF-IDF 操作符的特征权值计算，基于 RepresentedBySVM 操作符的文本表示模型，基于 OptimizedByLSH 操作符的空间搜索优化策略，以及基于 MeasuredByEuclideanDistance 操作符的相似性度量。

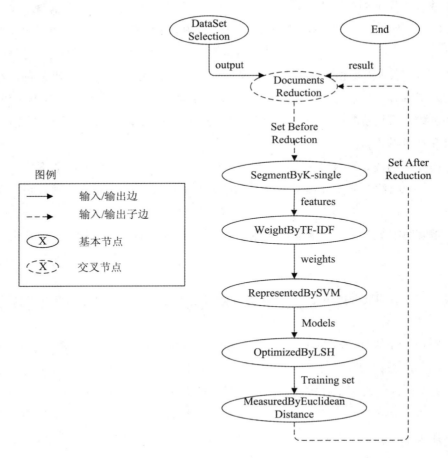

图 7-2　海量文档归约工作流的层次 DAG 图

记 O 为工作流中所有可能的操作符集合,其中 $o \in O$ 为操作符(通常由操作符名称、输入/输出数据类型等定义),E 为工作流中所有可能的数据类型(如工作流 I/O 对象、模型、数据集和属性类型等)。

可以引入数据挖掘工作流的分层 DAG 图形化描述:数据挖掘工作流的分层有向非循环图 G 可表示为一个有序对 (O', E'),其中 $O' \subseteq O$ 是操作符节点的集合,$E' \subseteq E$ 是节点的有序对集合,有向边 $(o_i, o_j) \in E'$ 对应从操作符 o_i 到 o_j 的 I/O 对象数据类型,这里 O' 定义了工作流的控制流,而 E' 定义了工作流的数据流。

2. 解析树表示

通常,一个层次 DAG 图对应节点集合的一个或多个拓扑序,因此可以考虑将上述层次 DAG 图简化为解析树的形式。所谓拓扑序,是指工作流 DAG 图中节点的一个完全排列 p,其中 (o_i, o_j) 表示节点 o_i 出现在节点 o_j 之前。如果 DAG 图的拓扑序在所有相邻节点对间都存在连接边,则这些边可以形成 DAG 图的 Hamiltonian 路径,此时的拓扑序具有唯一性;否则,总可以通过附加一个节点序,如节点标号的字典序,得到唯一的节点排列。上述的 DAG 图拓扑序可以表示为一棵解析树,即树中所有的边都具有完全序。

图 7-3 为海量文档归约工作流分层 DAG(见图 7-2)的一种解析树表示,可以看出该解析树是原 DAG 图的简化描述,可以代表不同操作符的执行次序及层次关系,但丢失了数据流信息(边上的标记)。

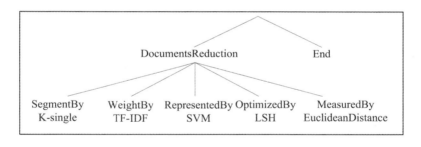

图 7-3　海量文档归约工作流的解析树

给定一个数据归约工作流的解析树,接下来要对解析树扩展,以便实现泛化工作流的频繁模式挖掘。这里的泛化主要基于第 2.4.2 小节的数据归约任务本体模型中的概念、关系和分类等展开。如图 7-4 所示,为图 7-3 所示工作流分层 DAG 的一种解析树(拓扑序)的扩展描述。

从操作符层开始,一个操作符 $o \in O$ 可以实现某个算法 $a \in A$,而 DRO 本体可以提供如图 7-4 所示精确的算法分类关系。但导出的 DRO 本体可能是一个 DAG 图(即一个概念可以有多个父节点),即算法分类关系的排序不是唯一的。这里,我们引入概念间的距离来度量概念间的包含关系(两个概念的距离可以定义为两个概念间的最短路径长度),实现 DAG 图的节点排序。假设 RapidMiner 的 Weight ByTF-IDF 操作符存在一个单链继承关系,即有

StatisticBasedFeatureWeightingAlgorithm

⊆UnivariateFeatureWeightingAlgorithm

⊆FeatureWeightingAlgorithm

推理机断言 WeightByTF-IDF 可以实现其超类的某个实例，由此推理机可以通过在原解析树中节点与父节点间插入有序概念关系导出其扩充解析树。接下来，基于数据归约工作流泛化表示形式——解析树进行模式挖掘。

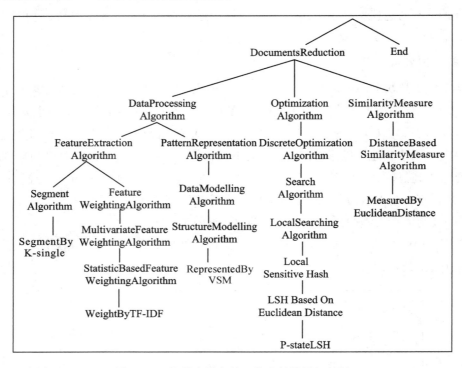

图 7-4   海量文档归约工作流的扩展解析树

7.2.2 数据归约工作流模式挖掘

1. 基本思想

首先引入扩展解析树的一种形式化描述。可以将解析树定义为一个有根 k-d 树（Rooted K-tree），即 k 个节点组成的集合 $O'\subseteq O$，这些节点存在唯一的根节点 $\pi(o)\subseteq O'$。然后采用文献[16]中的 TreeMine 上算法的思想，基于数据归约工作流的（扩充）解析树进行频繁导出子树的搜索。令树 $t'=(O'_t, E'_t)$ 为 $t=(O_t, E_t)$ 的导出子树，当且仅当 O'_t 保持了 O_t 中的直接父子关系，记作 $t'\leqslant_i t$（下标 i 表示导出）。

如图 7-5所示，为树 T_1 及其两个可能的导出子树 T_2 和 T_3。如果子树 t' 仅保持了 t 中的间接祖先与后代关系，则称之为嵌入子树。在基于 DRO 本体扩展的泛化工作流中，将父子关系扩展为祖先与后代关系可能导致很多低支持度的语义冗余模式，因此我

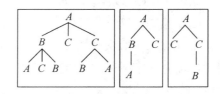

图 7-5   树 T_1 及其两个导出子树 T_2 和 T_3

们通常不关心嵌入子树。

给定包含很多树的数据库或森林 D，令 TreeMiner 算法产生的导出子树（模式）集合为 P，对于给定的树 $T_i \in D$ 和模式 $s \in P$，如果 $S \leqslant_i T_i$，则称 T_i 包含 S 或者 S 出现在 T_i。令 $\delta_{T_i}(S)$ 表示子树 $s \in P$ 在树 $T_i \in D$ 中出现的次数，记指示函数 $d_{T_i}(S) = 1$ 表示 $\delta_{T_i}(S) > 0$，$d_{T_i}(S) = 0$ 表示 $\delta_{T_i}(S) = 0$。则子树 $s \in P$ 在数据库 D 中的支持度可以定义为 $\sup(S) = \sum_{T_i \in D} d_{T_i}(S)$，并称 s 的支持集为所有满足 $d_{T_i}(S) > 0$ 的树 $T_i \in D$ 组成的集合。

2. 泛化工作流模式挖掘实例

下面以基于海量文档归约工作流的解析树为例，说明泛化工作流的频繁模式抽取方法，见图 7-6。

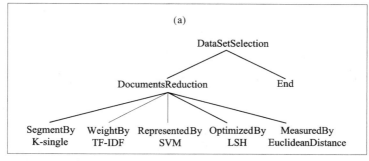

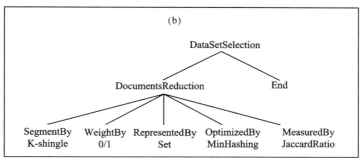

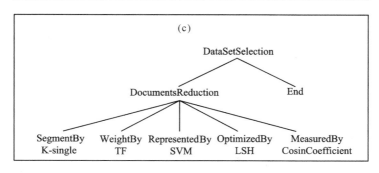

图 7-6 海量文档归约工作流的解析树

图 7-6(a)表示基于 TF-IDF 的特征权重计算工作流，其中元组搜索空间优化基于 p-稳态分布的 LSH 技术，相似性度量则基于 Euclidean 距离；图 7-6(b)表示基于二元 (0/1) 的特征权重计算工作流，其中元组搜索空间优化基于最小哈希技术，相似性度量则基

于 Jaccard 系数；图 7-6(c)表示基于 TF 的特征权重计算工作流，其中元组搜索空间优化基于 p-稳态分布 LSH，相似性度量则基于余弦系数。具体来说，工作流(a)和(c)采用特征词频等统计方法实现文档特征的计算，并使用 LSH 优化文档的搜索空间，分别基于欧氏距离和余弦距离进行文档间的相似性度量；(b)采用二元(布尔)表示特征权重，基于最小哈希实现文档搜索空间的优化，使用 Jaccard 距离进行相似性度量。

采用 TreeMiner 算法进行泛化解析树的频繁导出子树的挖掘，令最小支持度为 2，如图 7-7 所示为支持集和挖掘得到的子树模式。

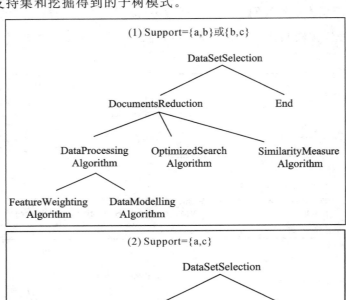

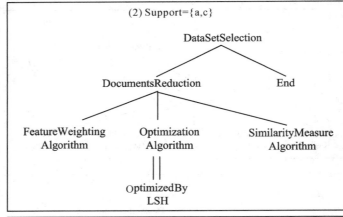

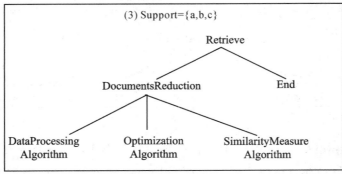

图 7-7　挖掘得到的子树模式及其支持集

图 7-7 中模式(1)刻画了工作流(a)(或 c)和(b)中的模式,海量文档归约工作流存在如下模式:由 FeatureWeighting 算法和 DataModelling 算法组成的 DataProcessing 算法,与 OptimizedSearch 算法、SimilarityMeasure 算法一起组合为 DocumentsReduction 操作符。

图 7-7 中模式(2)刻画了工作流(a)和(c)中的模式,基于 LSH 的 Optimization 算法与 FeatureWeighting、SimilarityMeasure 算法一起形成 DocumentsReduction 操作符。

图 7-7 中模式(3)是模式(1)、(2)的泛化模式,覆盖所有工作流,表示 DataProcessing 算法、Optimization 算法和 SimilarityMeasure 算法可以形成 DocumentsReduction 操作符,说明了海量文档归约的一般步骤。

7.3　基于元挖掘的工作流优化

由上文所述,基于数据归约本体,可以实现数据归约工作流频繁模式的挖掘,给用户提供多种候选工作流。在数据归约的应用实践中,针对特定的数据集,不同的工作流具有不同的执行效果及性能,同时,用户通常对不同数据集归约效果的期望存在差异,有的关注于执行效率,有的关注于数据蒸发率等。因此,对工作流进行优化,为用户提供恰当的、适用性强的工作流,是数据归约中一个非常重要的环节。本节提出了数据归约工作流优化选择模型,如图 7-8 所示,其中 $f(x)$ 表示在问题空间中进行数据集特征的提取,$g(a)$ 表示提取工作流特征并生成解析树。其本质特征是建立由数据集特征 F 和工作流特征 G 到工作流空间 A 的映射 $a=S(f(x),g(a))$,最终实现问题空间 X 和工作流空间 A 到工作流执行性能空间 P 的映射 $p(a,x)$。

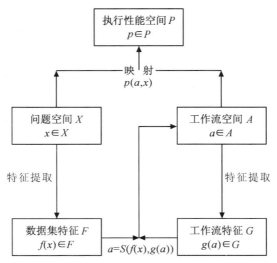

图 7-8　数据归约工作流优化选择模型

依据上述数据归约工作流优化选择模型,提出基于元挖掘的工作流优化方法。该方法的主要思路是通过实验的方式获取不同数据集的工作流执行效果,并由用户对执行效果进行评价,得到数据归约的元数据,确定映射关系。把实际数据集特征加入到数据归约元数据中进行聚类分析,得到基于数据集特征的数据归约工作流的优化选择规则。

7.3.1　数据归约的元数据描述

　　数据归约的元数据由四部分组成:数据集特征、工作流特征、评估结果和用户评价指标。其中评估结果和用户评价指标共同反映用户兴趣度。

　　数据集特征是一组统计特征,可以从以下特征中选取:类熵、平均特征熵、平均互信息、信噪比、连续特征的离群点和连续特征中离群点的比例等,它们共同反映了文档的基本特征。非结构化数据一般还可以使用以下指标:文档数量、平均文档大小、文档特征(词)数量、文档最大长度、文档最小长度。结构化数据还可以使用表数量、元组数量、属性数量和类别数量等指标。

　　工作流特征使用上述解析树来表示,由多个节点组成,每个节点代表执行工作流的一种特定操作,每种操作由多种算法去实现。具有此种特征的工作流模式,记为 wf_1,wf_2 …,wf_n,共同组成了工作流空间 A。

　　评估结果采用 $J = w^T c$ 进行计算,三个数据归约效果评估指标记为 $c = [c_1, c_2, c_3]^T$,w^T 表示用户对三类指标的兴趣度。

　　用户评价指标是用户针对工作流执行情况的主观评估,给出是否满足期望的定性评价,将满足用户期望的工作流标记为 YES,其余的标记为 NO。

7.3.2　数据归约的元数据获取

　　数据归约的元数据来源有两种:一是技术人员进行的数据归约实验,二是系统用户的数据归约实践。下面主要针对于数据归约实验说明元数据的获取方法,其主要流程如图7-9所示。

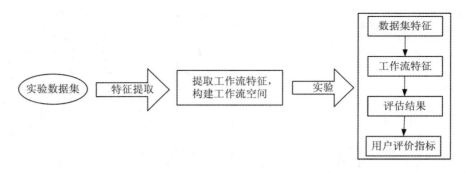

图 7-9　数据归约实验

1. 数据集特征提取

　　使用一组统计特征来描述数据集的基本特征。例如,表7-1所示的4个数据集是基于LSH的海量文档归约的实验数据集,其数据集特征由文档数量、平均文档大小、文档特征

（词）平均个数、文档最大长度、文档最小长度等 5 个指标组成。

表 7 - 1　实验数据集及其特征

数据集编号	文档数量	平均文档大小/KB	文档特征(词)平均个数	文档最大长度/字数	文档最小长度/字数
数据集 1（美军 * 数据）	6076	4186	49128	873432	123098
数据集 2（日军 * 数据）	4092	3000	45721	692984	145856
数据集 3（俄军 * 数据）	6174	3559	48652	650983	187967
数据集 4（印军 * 数据）	5051	2699	47556	455672	156743

2. 工作流特征提取

通过对实现不同操作的归约算法之间进行相互组合，构建工作流空间。以基于 LSH 的海量文档归约为例，如上文所述，其工作流特征是由提取特征、确定权重、构建向量空间模型、索引优化和相似性度量等 5 个操作节点组成的解析树。其中，提取特征主要包括 K-Single 算法和基于字典的算法；确定权重主要包括二元算法、TF 算法和 TF-IDF 算法；构建向量空间模型主要包括 D-T 向量矩阵构建算法或者 T-D 向量矩阵构建算法；索引优化使用局部敏感哈希算法，主要包括最小哈希的 LSH 算法、Jaccard 距离的 LSH 算法和欧氏距离的 LSH 算法；相似度度量主要包括 Jaccard 相似度算法、余弦相似度算法和距离相似度算法。这些算法构成了候选算法集，通过实现不同操作的算法之间进行相互组合可以产生 1～8 种不同的工作流，如图 7 - 10 所示，wf_1，wf_2，…，wf_{108} 组成了工作流空间。

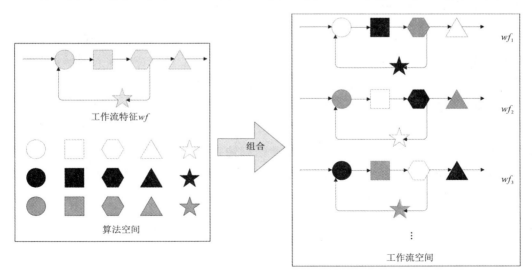

图 7 - 10　构建工作流空间示意图

3. 进行数据归约实验

每一个训练数据集都需要对这 108 种工作流进行实验，4 个实验数据集共需要做 432 次数据归约实验，并产生 432 个实验结果。对数据归约实验结果进行工作流执行效果的评估，并由用户对评估结果进行评价，评估结果如表 7-2 所示，最终产生 432 组元数据。

表 7-2　实验评估结果表

数据集	工作流	数据蒸发率	统计量	平均信息减少量	效应量 J	用户评价
数据集 1	wf_1	0.34	0.24	0.32	0.76	YES
	wf_2	0.56	0.65	0.54	0.34	NO
	...	...	...	...	...	...
数据集 2	wf_1	0.75	0.47	0.84	0.67	YES
	wf_2	0.76	0.34	0.43	0.25	NO
	...	...	...	...	...	...
数据集 3	wf_1	0.45	0.76	0.54	0.57	YES
	wf_2	0.76	0.13	0.65	0.23	NO
	...	...	...	...	...	...
数据集 4	wf_1	0.33	0.36	0.76	0.77	YES
	wf_2	0.36	0.76	0.23	0.29	NO
	...	...	...	...	...	...

7.3.3　基于元挖掘得到工作流的优化选择规则

获取数据归约元数据后系统用户就可以进行数据归约工作，得到数据归约工作流的优化选择规则。首先，提取实际数据集的数据集特征，把该数据集特征加入到数据归约元数据中进行聚类分析，产生该数据集在不同工作流上的评估指标 $c=[c_1, c_2, c_3]^T$。其次，由公式 $J=w^Tc$ 计算出效应量 J，并把该数据集在不同工作流中计算出的效应量 J 值进行排序，产生工作流优化选择规则，给系统用户推荐恰当的工作流。最后，由用户对工作流执行效果进行评价，并将对此实际数据集进行数据归约工作产生的元数据加入到元数据集中去，扩大元数据的范围，提高基于元挖掘的工作流优化的效率和精度。工作流的优化选择规则获取流程如图 7-11 所示。

图 7-11　工作流的优化选择规则获取流程图

本 章 小 结

在前面章节研究基础上，本章研究提出了基于本体知识表示与逻辑推理的大数据归约系统体系，将数据归约系统分为服务支撑层、本体支撑层和应用层等三个逻辑层次，并介绍了每个层次的功能组成及技术实现途径。研究基于描述逻辑推理系统支持的大数据归约业务目标辅助推荐方法，面向系统用户隐藏了复杂的数据资源组成、结构及其数据归约方法适用性选择等细节，为数据归约业务目标的确定提供辅助支持；利用描述逻辑推理机制中的知识搜索功能，研究数据归约工作流的泛化表示及通用模式挖掘方法，有效减小了工作流的选择空间，在此基础上，进一步分析数据归约元数据的描述及获取技术，提出基于元挖掘的工作流优化选择方法，实现了数据归约知识的积累、共享和重用，同时面向系统用户隐藏了数据归约流程及其相关算法实现技术等细节，提升了数据归约过程的智能化水平。

参 考 文 献

[1] GRAY J，CHAUDHURI S，BOSWORTH A，et al. Data Cube：A Relational Aggregation Operator Generalizing Group-By，Cross-Tab，and Sub-Totals [J]. Journal Data Mining and Knowledge Discovery，1997，1(1)：29-59.

[2] AGARWAL S，AGARWAL R，DESHPANDE P M，et al. On the computation of multidimensional aggregates[C]. In Proc. 1996 Int. Conf. Very Large Data Bases (VLDB'96).Bombay，India，1996：506-521.

[3] GRAY J，BOSWORTH A，LAYMAN A，et al. Data cube：A relational aggregation operator generalizing group-by，cross-tab，and sub-totals. Proc. of the 12th IEEE Intl. Conf. on Data Engineering. Vienna，1996：152-159.

[4] HAN J W，KAMBER M. 数据挖掘：概念与技术[M]. 3 版. 范明，等译. 北京：机械工业出版社，2012.

[5] 侯东风，陆昌辉，刘青宝，等. 数据立方体计算方法研究综述[J]. 计算机科学，2008，35(10)：6.

[6] ZHAO Y，DESHPANDE P M，NAUGHTON J F. An array based algorithm for simultaneous multi-dimensional aggregates. Proc. Of the ACM SIGMOD Intl. Conf. on Management of Data. Tu cson，AZ，1997：159-170.

[7] CHOU P L，ZHANG X. Computing complex iceberg cubes by multiway aggregation and bounding[C]//Data Warehousing and Knowledge Discovery，6th International Conference，DaWak 2004，Zaragoza，Spain，September 1-3，2004，Proceeding，DBLP，2004.

[8] 骆吉洲，李建中，赵锴. 大型压缩数据仓库上的 Iceberg Cube 算法[J]. 软件学报，

2006，17(8)：1743-1752.

[9] LI X L，HAN J W，GONZALEZ H. High Dimensional OLAP：A Minimal Cubing Approach. Proc. of the 30th Intl Conf. on Very Large Data Bases. Toronto，Canada，2004：528-539.

[10] WEI W，LU H，FENG J，et al. Condensed Cube：An Effiective Approach to Reducing Data Cube Size. ［C］//International Conference on Data Engineering. IEEE，2002.

[11] 向隆刚，龚健雅. 一种高度浓缩和语义保持的数据立方[J]. 计算机研究与发展，2007，44(5)：837-844.

[12] BEYER K，RAMAKRISHNAN R. Bottom-up computation of sparse and iceberg cubes. Proc. of the ACM SIGMOD Intl. Conf. on Management of Data. Philadelphia，PA，1999：359-370.

[13] RESHEF D N，RESHEF Y A，FINUCANE H K，et al. Detecting Novel Associations in Large Data Sets[J]. Science，2011 (334)：1518.

[14] SRIKANT R，AGRAWAL R. Mining sequential patterns：generalizations and performance improvements. In Proc. 5th International Conference on Extending DatabaseTechnology. Springer，1996：3-17.

[15] SKIENA S. Implementing discrete mathematics：combinatorics and graph theorywith Mathematica[J]. Mathematical Gazette，2003，2122(476)：xiv，480.

[16] ZAKI J M. Efficiently mining frequent trees in a forest：algorithms and applications [J]. IEEE Transactions on Knowledge and Date Engineering，2005.

[17] GREEN P，ROSEMANN F，et al. Ontological evaluation of enterprice systems interoperability using ebXML［J］. IEEE Transactions on Knowledge and Data Engineering，2005，17(5)：713-725. DOI：10. 1109/TKDE. 2005. 79.